国家社科基金后期资助项目"世界范围公共艺术最新发展趋势研究"转化成果

在线开放课程配套教材

植物仿生公共艺术

Public Art

王鹤 编著

机械工业出版社

本书是中国大学 MOOC 和智慧树平台在线开放课程"全球公共艺术设计前沿"和超星尔雅平台在线开放课程"设计与人文——当代公共艺术"的配套教材，也是国家社科基金后期资助项目"世界范围公共艺术最新发展趋势研究"的转化成果。本书采用案例式教学模式，全书共分九章，分别介绍了植物对人类社会发展的启示，植物仿生公共艺术的渊源、发展和建设趋势，植物仿生公共艺术之经典，类植物仿生公共艺术，植物仿生公共艺术理论基础、设计基础和设计综合训练案例解析。

本书可作为普通高等院校、职业院校或培训机构公共艺术、环境设计、工业设计、建筑学、城乡规划、自动化等专业教材，也可作为相关专业从业人员参考用书。

为方便教学，本书配套有电子课件和二维码教学视频。凡选用本书作为授课教材的教师均可登录 www.cmpedu.com，以教师身份免费注册下载，也可以加入公共艺术交流 QQ 群 829256533 免费索取。如有疑问，请拨打编辑电话 010-88379934。

图书在版编目（CIP）数据

植物仿生公共艺术/王鹤编著. —北京：机械工业出版社，2019.9

国家社科基金后期资助项目"世界范围公共艺术最新发展趋势研究"转化成果. 在线开放课程配套教材

ISBN 978-7-111-63703-5

Ⅰ.①植… Ⅱ.①王… Ⅲ.①植物–仿生–应用–环境设计–艺术–教材 Ⅳ.①TU–856

中国版本图书馆CIP数据核字（2019）第205230号

机械工业出版社（北京市百万庄大街22号 邮政编码100037）
策划编辑：陈紫青 责任编辑：陈紫青
责任校对：雕燕舞 封面设计：严娅萍
责任印制：张 博
北京东方宝隆印刷有限公司印刷
2020年1月第1版第1次印刷
210mm×285mm·11.75印张·239千字
标准书号：ISBN 978-7-111-63703-5
定价：56.00元

电话服务   网络服务
客服电话：010-88361066 机 工 官 网 www.cmpbook.com
        010-88379833 机 工 官 博 weibo.com/cmp1952
        010-68326294 金 书 网 www.golden-book.com
封底无防伪标均为盗版 机工教育服务网：www.cmpedu.com

本书二维码清单

序　号	名　　称	图　形	页　码
1	千树万树——植物仿生公共艺术的渊源		24
2	跨过卢比肯河——《太阳能树》和《光之群花》		33
3	起承转合——《凤凰之花》与《未来之花》		42
4	轻——逐渐重视基础材料的轻质量、高强度与可回收性		48
5	真——形态上越发逼真，进一步融入都市环境		51
6	强——功能强大而且实用，推广普及门槛降低		55
7	净——夜间照明基于清洁能源		58
8	辨——技术与美学层面还需深入思考		61
9	成都太古里项目及学生综合训练案例		177

前　言

植物仿生公共艺术特指尽可能模仿植物外观和组织结构，普遍具有遮阳、发电、标识等实用功能，体现生态、低碳特征的公共艺术形式。自 20 世纪末出现以来，植物仿生公共艺术逐渐成为各路艺术家创作的热门。它可以有效节约不可再生能源，改善空气质量，美化城市环境，促进社区交流，在欧美等发达国家的城市基础设施、"智慧城市"建设中发挥着重要作用，也必将成为中国今后城市建设的重点。因此，植物仿生公共艺术的系统教学显得尤为重要。本书具有以下特点：

1. 在线开放课程配套教材，配套二维码教学视频

本书是中国大学 MOOC 和智慧树平台在线开放课程"全球公共艺术设计前沿"和超星尔雅平台在线开放课程"设计与人文——当代公共艺术"的配套教材，也是国家社科基金后期资助项目"世界范围公共艺术最新发展趋势研究"的转化成果。书中配套二维码教学视频，便于读者自学。此外，也可登录上述平台，在线学习相关课程。

2. 案例式教学

本书在编写模式上，直接把国内外相关案例融入相关知识点，针对性强。最后一章对学生作业进行点评，实践性强，突出体现了"学以致用"的特点。

3. 通专融合，学习门槛低

本书将学习者按专业相关度分为通专之间（如建筑学、城乡规

划、工业设计等专业）、专业（如公共艺术、环境设计等专业）以及非专业（如工程管理、电气工程等专业）三类。尽管这三类学习者的专业基础掌握程度有所不同，但只要将本书结合视频系统学习，都能够有效掌握植物仿生公共艺术的设计方法，培养创意设计素养，提高就业竞争力。

　　由于植物仿生公共艺术是新兴艺术形式，相关研究较少，其训练方法在国内也并无先例可循，因此书中难免存在疏漏之处，欢迎广大读者朋友批评指正。

王　鹤

目　录

前言

第一章

润物无声——
植物对人类社会发展的启示

要想深入了解植物仿生公共艺术，就有必要深入了解植物仿生学这个概念。仿生学是一门边缘学科，是研究生物系统的结构、特质、功能、能量转换、信息控制等，并把它们应用到技术系统，改善已有的技术工程设备，创造出新的工艺过程、建筑构型、自动化装置等的综合性科学。而植物仿生学是通过模拟植物的外形、结构、特征等，创造有利于人类生存使用的工具、生活居所等的综合性科学。最为人们所熟知的例子就是树叶的光合作用为太阳能发电提供了借鉴等（见图1-1）。故而，从叶、茎、花、果实、根等角度研究植物对人类社会发展的启示，对掌握植物仿生公共艺术有重大的意义。

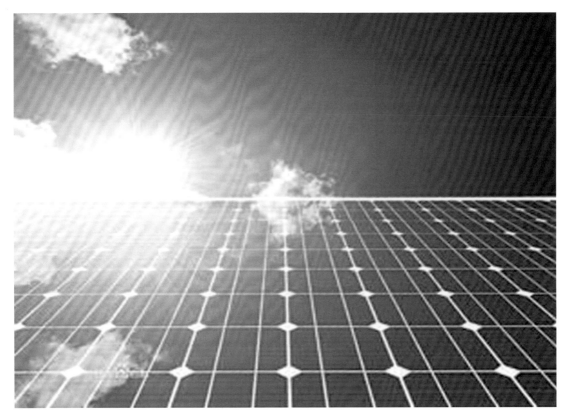

图 1-1　光伏电池板

第一节　叶 的 启 示

一、叶缘的启示

相传春秋战国时期，中国建筑鼻祖、木匠鼻祖——鲁班（公元前 507 年—公元前 444 年），在上山砍伐树木途中攀爬时手被草划伤了。他仔细观察后发现，原来这种草的叶子边缘有两排锋利的锯齿，这就是锯齿草（见图 1-2）。鲁班受此启发，并经反复实践，制成了人类史上第一把带锯齿的木工锯（见图 1-3）。

图 1-2　锯齿草

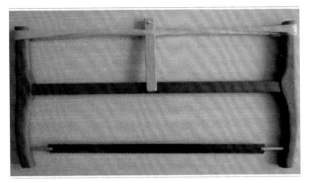

图 1-3　带锯齿的木工锯

二、叶脉的启示

人们发现有"水中花王"之称的浮水植物王莲（见图 1-4）承载能力较大，原因是它的叶片直径达 1 ~ 2.5 米，叶子背面有许多相互交错的叶脉骨架结构，里面还有气室使得叶子能稳定地浮在水面上。

由此受到启发，英国"工艺美术运动"时期的建筑师约瑟夫以钢铁和玻璃为建材，为英国国际博览会设计了一个顶棚跨度很大的展览大厅——水晶宫（见图 1-5）。它既轻巧、雄伟，又经济适用，为现代功能主义构建了雏形。

图 1-4　王莲

图 1-5　水晶宫

图 1-6 荷叶

图 1-7 石棉板

图 1-8 车前草

三、叶面的启示

德国波恩大学的科研人员发现荷叶的自净原理，是因为他们发现荷叶上有许多非常微小的绒毛和蜡质凸起物。这种粗糙的叶片是干净的，而表面光滑的叶片反而需要清洗（见图 1-6）。

模仿荷叶的自净原理，人们开发出具有防污功能的自净涂层产品，其表面会形成类似茶叶的凹凸形状，构筑一层疏水层。这样一来，灰尘颗粒只能在涂层表面"悬空而立"，并最终在风雨冲刷下"一扫而净"。

此外，不同类型植物的叶面形状也启发了人们的思维。虽然椰子树很高，叶片巨大，但每遇飓风和暴雨却很少被折断。经研究发现，椰子叶面呈"之"字形，可以承受更大的压力。据此，建筑师设计出了结构薄、面积大的楼房顶棚、薄状石棉板（见图 1-7）等。

四、叶子排列的启示

车前草（见图 1-8）的叶子在茎上排列成螺旋状，夹角为 137°30′30″，一层顺着一层，错落有致，因为只有这样，叶子才能得到最多的阳光。

建筑师根据车前草造型通风、采光效果较好的特性，建造了螺旋状的高层建筑（见图 1-9）。这样既保证通风，又使高楼各个部分受到均匀的太阳光照射。在植物和动物的启发下，建筑仿生学逐渐成为大有作为的一门实用科学技术，建筑师与科学家们乐观地认为它将帮助人们征服地下、海洋和天空，建设蔚为壮观的地下街区、海底乐园和太空体育城。

图 1-9　芝加哥螺旋塔

五、叶形的启示

1. 荷的启示

荷叶（见图 1-10）面积大，强度达到要求时，如前所述，还具有自我洁净的功能。因此，人们很自然地模仿荷叶形状制作雨伞，从而保证在雨天也能正常出行。中国民间有传说认为是鲁班最早根据荷叶形状发明了雨伞。

2. 捕蝇草的启示

捕蝇草（见图 1-11）是原产于北美洲的一种多年生草本植物，也是一种食虫植物。它的茎很短，在叶的顶端长有一个酷似"贝壳"的捕蝇夹。捕蝇夹内长了几对细毛，是它的感受器，且能分泌蜜汁。当有小虫闯入时，它能以极快的速度将其夹住，并消化吸收。根据捕蝇草的捕蝇原理，科学家莫森设计了一款机器捕蝇草。它的捕蝇夹内有两对细毛状

图 1-10　荷叶

图 1-11　捕蝇草

图 1-12　猪笼草

图 1-13　飞蓬草

的传感器，一旦虫子碰到细毛，传感器就会产生电流，并触发动力开关，机器捕蝇草就合起捕蝇夹，然后捕蝇夹分泌酸液消化虫子。消化之后，能量转化成电能储藏起来，为下一次捕蝇提供能量。从这个过程不难看出，机器捕蝇草和一般自动化机器的最大差别，就是它可以做到能量自给自足，不需要人们提供额外的电能。虫子越多，其动力越强，捕蝇效果越突出。

3. 猪笼草的启示

猪笼草（见图 1-12）属于热带食虫植物，原产地主要为旧大陆热带地区。它拥有一个独特的汲取营养的器官——捕虫笼。捕虫笼呈圆筒形，下半部稍膨大，笼口上有盖子，因其形状像猪笼而得名。猪笼草叶的构造复杂，分叶柄、叶身和卷须。卷须尾部扩大并反卷，形成瓶状，可捕食昆虫。瓶状体的瓶盖背面能分泌香味，引诱昆虫。瓶口光滑，昆虫会滑落至瓶内，被瓶底分泌的液体淹死。猪笼草会分解虫体的营养物质，并逐渐消化吸收。美国哈佛大学的研究小组受到猪笼草的启发，开发了一种超滑材料，这种材料几乎排斥一切液体。当材料表面受到损坏时，它很快就会进行自我修复，并不影响其润滑的能力。一旦这一技术付诸实践，自净窗花和"完全不粘锅"将有望出现。当前，根据其捕虫笼形状设计的脚踏垃圾桶及灯具都已进入市场，并具有实用、美观的特性。

4. 飞蓬草的启示

飞蓬草（见图 1-13）茎高尺许，叶片大，根系入土浅。一有大风，很容易被连根拔起，随风旋转。中国古籍《淮南子》中记载道，先人"见飞蓬转而知为车"。当然这一说法中美好的想象成分可能更多一些。

5. 玉米的启示

玉米（见图 1-14）是一种原产于美洲的常见农作物。玉米的叶子常常卷曲成一个长圆筒。科学家发现，这种长圆筒形的叶子比普通的叶子更结实牢固，不容易被破坏。科学家据此设计出一种筒形叶桥。这种桥的形状像一个卷曲的长玉米叶，跨度很大，连接宽阔的河流两岸；中间部分桥面的两侧向上卷成筒状。这种长圆筒形的大桥坚固耐用、美观大方，目前已经在全世界范围内广泛应用。

图 1-14 玉米

茎 的 启 示　第二节

一、节与节间的启示

竹子（见图 1-15）是一种禾本科植物，其竹节处由横隔相连，与竹身构成一个整体。竹节还可以共同参与抗弯作用，可以协调变形。中空细长的竹竿，其刚度和稳定性都非常出色，也是从古至今众多建筑、家具常用的材料。

受到植物茎节生长的启发，人们发明了"春笋建筑法"，即把每一层墙板从高度上分成三四段预制好，然后用液压顶以 1 米的行程，反复顶升，可以很快"长"成设计的建筑。自行车车架"空心管"的设计灵感来自于麦秆。借鉴其"空心"结构却支持比它重几倍的麦穗的力学原理，制成的自行车既有足够的强度，又减轻了车身的重量。

图 1-15 竹子

二、茎形态的启示

云杉（见图 1-16）生长于高寒湿润之巅。它之所以可以适应山上长年累月的狂风袭击，主要是因为树干底部直径显著增大，形成一个圆锥形。这样既减轻了自重，又加强了稳定性。

人们模仿云杉对大风的适应性特点，将建造在山顶上的电视塔设计成类似圆锥体，以抵抗大风袭击（见图 1-17）。同样，所有的塔或高烟囱，甚至超高层建筑，几乎无一例外地采用底大顶小的形状。

图 1-16　云杉

图 1-17　电视塔

花 的 启 示　第三节

一、花蕊的启示

向日葵（见图 1-18）又名朝阳花，其最大特点就是向阳而生，以便吸收到尽可能多的阳光。

德国建筑师从向日葵上获得灵感，建成了一幢能随太阳转动的向日葵旋转房屋。它装有雷达一样的红外线跟踪器，只要天一亮，房屋上的电动机就开始起动，使房屋迎着太阳缓慢转动，始终与太阳保持最佳角度，使阳光最大限度地照进屋内。夜间，房屋又在不知不觉中慢慢复位。这种建筑能够充分利用太阳能，保证房屋的日常供热和用电。因为在房顶上安置了太阳能电池和聚光镜，所以建筑物能将光能存储起来，供阴雨天和夜晚使用。

图 1-18　向日葵

二、花形的启示

凌霄花（见图 1-19），形状似钟，又似喇叭，开口巨大，尾部狭长，这种结构可以更充分地吸收大自然的能量。科学家模拟凌霄花的形状制成了微波收集器。阔口窄尾的微波收集器，其灵敏度异常高，可以尽可能搜索到目标微波，并把微波承载的能量、信息收集起来，根据实际需要，或存储下来作为绿色能源，或将其转换成数字信号，为收看视频节目提供科学研究的样本等。

图 1-19 凌霄花

三、花色的启示

17 世纪英国著名的化学家罗伯特·波义耳发明的波义耳试纸（即酸碱试纸）开创了化学指示剂的历史先河。一次偶然的机会中，波义耳将盐酸溅到了紫罗兰花上，花色就由紫色变成了红色。他便饶有兴趣地取来各种酸做试验，结果发现，各种酸都能使紫罗兰变成红色。于是，他在紫罗兰开花的季节里收集了大量的紫罗兰花瓣，将花瓣制成溶液。需要使用的时候，就向被试的溶液里滴进一滴紫罗兰浸液。就这样，他发明的"指示剂"诞生了。后来为了更方便使用，他用石蕊浸液把纸浸透，再把纸烘干。要用时，只需将一小块纸片放进被检验的溶液里，根据纸的颜色变化就能知道这种溶液是呈酸性还是碱性，从而成为 pH 试纸的雏形。

第四节　果实的启示

一、苍耳、牛蒡的启示

尼龙搭扣的诞生是从果实中受到启发的经典案例。它的发明者是乔治·德·梅斯特拉尔。20 世纪 40 年代末，他经常带着自己的爱犬到森林中漫步。每次返回时，他都发现裤子和狗身上粘满了苍耳（见图 1-20）、牛蒡（见图 1-21）等刺果。受到好奇心的驱使，乔治用显微镜观察刺果，发现无数的小钩子在有毛圈结构的裤料上，不能轻易脱落。经过 8 年的试验，他终于发明了使用方便的尼龙搭扣（见图 1-22）。

图 1-20　苍耳

图 1-21　牛蒡

古代有一种可以阻止骑兵前进的武器叫铁蒺藜，这种武器的原型就是植物中蒺藜科的一种杂草的果实。它的刺非常坚硬，以至于如果马蹄踏上都会被刺到，所以防御方就把铁做成蒺藜果的形状，用以御敌，取得了非常好的效果。

二、槭树的启示

我们平常见到的直升机，其最大特点是用水平旋翼代替传统飞机的机翼，利用水平旋翼的转速增加产生升力，再通过调整机身俯仰角度来前进或后退。共轴反转直升机则利用上下两幅旋翼的速度差来转向。虽然今天的直升机被认为最早由儿童陀螺玩具衍生而来，但如果观察自然界，会发现有一类叫槭树（见图 1-23）的植物。它们结出的果实也长着翅膀，一旦离开植物体，翅膀也会飞快地在空中转动，带动种子飞往陌生地域繁衍。儿童陀螺和今天的直升机，其灵感是不是来源于此，值得深入探讨。

图 1-22　尼龙搭扣

图 1-23　槭树

11

第五节 根 的 启 示

一、植物根系的启示

钢筋混凝土的发明被认为源于植物根系（见图 1-24）的特点。法国园艺师约瑟夫·莫尼哀为了解决养花的大陶盆不结实的问题，先后试用过木材和水泥等多种材料，但效果均不理想。他经常为园艺场中水泥制成的蓄水池和花坛被撞坏而烦恼。一日，他不慎将花盆再次撞坏，郁闷至极地前去收拾残花时，他下意识地注意到，土壤虽然松散，却能在植物交叉延伸的根须四周黏结聚集到一起。受此启发，他试着用旧铁丝仿造植物的根系织成交叉结构，再用水泥、石子浇铸在一起，砌成花坛、蓄水池，其牢固度大大加强。这也为钢筋混凝土结构的制作提供了思路。

二、水笔仔的启示

在海边，经常可以见到一种叫水笔仔（见图 1-25）的植物，它那高高露出水面的树根，牢牢支撑着身体。当海水涨潮时，它也不会把自己淹没。

图 1-24　植物根系

图 1-25　水笔仔

在海边造房子的人，就学水笔仔的样子，打下一根根的木桩，高高露出水面，很像扎在水中的水笔仔根，然后再把房子造在木桩上，这样就再也不怕海水的侵袭了。

小　结

本章总结的各种植物对人类社会发展的启迪并不全面，作用仅在于初步开拓同学们的想象力，提高同学们对植物的兴趣和重视，为后续了解植物仿生公共艺术的发展、掌握正确的设计方法、提升训练效果奠定基础。

章 | 测 | 试

1. 尝试结合自己的亲身实践，寻找 3 ～ 5 个植物仿生学的运用实例。

2. 经过与老师沟通和小组讨论，尝试挑选一种适合自己创意的植物类型，寻找相关资料。

第二章

千树万树——
植物仿生公共艺术的渊源

植物仿生公共艺术从初期形态逐步发展成为今天带有太阳能发电功能，与环境结合更紧密的复杂形态，经历了一系列探索，包括写实探索和抽象探索。

第一节　植物仿生公共艺术的写实探索
——《玫瑰》《兰花》与《大花》

大多数写实性的植物仿生公共艺术都是由女艺术家完成的，这与女性细腻、热爱自然等天性密不可分，比较有代表性的包括德国女艺术家爱莎·根泽肯（Isa Genzken）和英国女艺术家珍妮·皮克福德（Jenny Pickford）等人的创作。她们的创作从源头上说，更接近雕塑和工艺美术创作，而非设计。无论如何，这类植物仿生公共艺术已经成为都市或自然中一道亮丽的风景。

案例1：爱莎·根泽肯的《玫瑰》与《兰花》

日本东京六本木新城在开发计划时就规划了良好的公共空间设计与艺术规划。森大厦株式会社下属的森美术馆由于有着较高的知名度，因此主要担当艺术品的甄选，包括邀请艺术家和监督制作。森美术馆工作人员一共甄选了6件艺术品。此次甄选高度重视与社区居民的沟通互动，接受市民对论证和设计过程的监督与意见，保证了社区居民与公众对作品的了解与接受，保证了项目的成功。朝日电视台也挑选了3件作品。因此，六本木新城项目的官方公共艺术品共9件。其中，最醒目的是位于六本木之丘中庭广场的两件：一件是法裔美籍女艺术家路易斯·布尔乔亚（Louise Bourgeois）的作品《妈妈》（Mamam），另一件是爱莎·根泽肯的《玫瑰》（Rose）（见图2-1）。女艺术家在公共空间项目中占据主流与六本木新城的定位分不开，这些作品将整个商业空间塑造得更加艺术化和人性化。

根泽肯生于1948年，兴趣广泛，特别是受到现代主义建筑与美国流行文化的影响，以

图2-1　六本木地区的《玫瑰》

雕塑、油画、拼贴等多样的艺术形式传达对社会、文化和人性的观点。《玫瑰》是她最著名的室外公共艺术作品,高8米,采取了事先在地面把枝叶焊接成型,然后整体吊装起来的安装方法。从文化象征意义上来说,这是典型的女性元素利用行为,利用带有温柔气质的花朵彰显六本木地区注重女性消费心理的柔性文化氛围。如果向更深层次引申,还可以理解为爱、关怀等正面情感。如果只从公共艺术的设计方法来说,这其实属于典型的植物仿生公共艺术。同样的作品还有位于美国纽约的《兰花》(见图2-2~图2-5)等。只是《玫瑰》和《兰花》更多的是借用植物形态本身,为所在环境营造一种优雅、感性的氛围,而不是像《未来之花》(Future Flower)等公共艺术作品,借用科技促进零排放与低碳循环。两者的差别类似于电影中的软科幻与硬科幻。值得一提的是,《玫瑰》属于好莱坞美容美发世界的收藏品。

图2-2 根泽肯的《兰花》细节

图2-3 根泽肯的《兰花》与人体尺度非常和谐

图2-4 《兰花》体现植物仿生公共艺术高度仿真的特点

图 2-5 《兰花》为城市萧瑟的冬日增添了生气

从这一案例中可见，植物仿生公共艺术既有天然植物的优美形式，又不会随季节变化而枯萎，非常适合纬度高、冬日长的国家和地区。

案例 2：珍妮·皮克福德的《大花》

珍妮·皮克福德是当代艺术界为数不多的创作领域广泛并坚持手工创作的女艺术家之一。她的作品介于雕塑、水景、铁艺之间，特别是大量利用吹制玻璃工艺，表现各类花朵，体现出女艺术家对美、对环境独特的感悟（见图 2-6）。如她自己所言："我努力用一种提升灵魂的方式来反映力量、危险与脆弱、美丽的对比。"这些以花朵为对象的作品生动细腻，打破玻璃吹制方面的传统制约，被誉为能提升灵魂的原创设计。以成都太古里《大花》（见图 2-7）为例，这些作品普遍具有独特的戏剧性，但与周围环境完全和谐，受到大自然和周围世界经验的启发，成为世界领域内植物仿生公共艺术（雕塑、工艺美术）领域的杰出代表。

图 2-6 皮克福德的玻璃吹制作品

图 2-7 《大花》

植物仿生公共艺术的抽象探索
——《金属形态》与《钢树》

第二节

孩提时代的折纸游戏总是具有神奇的魔力，柔软的二维材料经过三折两叠后具有了相对稳固的三维形态，并呈现出清晰的结构特征。由于当代公共艺术创作手段的多样化及美学标准的不拘一格，因此富于形式感和童稚之趣的折纸构型方法也开始为不同领域的艺术家广为使用。时至今日，大到设计专业的立体构成作业，小到服装专业的纸艺训练，无不体现着相近的形式生成逻辑。在公共艺术领域，由于材料、工艺与位置等局限，体现折纸特征的构型手法主要有三种：一是基于模数化的规整切割、拉伸；二是体现偶发美感的自由构型；三是对具象事物的表现。植物仿生公共艺术在抽象探索中更多的是综合利用了这几点造型手法。

哥伦比亚艺术家艾特盖尔·尼格列创作的《金属形态》（见图 2-8）就是利用模数化手段对植物原型进行抽象变形处理的公共艺术作品。这件作品落成于首尔奥林匹克雕塑公园。作品的主体结构精确地张开，既体现了钢铁的张力，又宣扬了植物般的内在生命力。所有的接点处都使用了铆钉联结（见图 2-9）而非通常的焊接，反而具有前工业化时代朴素、厚重、坚实的美感，属于利用折纸手法创作公共艺术作品的上乘之作。

图 2-8　首尔奥林匹克雕塑公园的《金属形态》——艾特盖尔·尼格列

图 2-9　铆钉联结

图 2-10 英国大曼彻斯特郡的《钢树》

位于英国大曼彻斯特郡的《钢树》(见图 2-10)就是运用偶发美感，结合二维剪影设计方法完成的经典作品，尺度与周边树木相当，体现植物形态的抽象化对公共艺术发展的启迪与促进。

相比于写实的植物公共艺术，抽象的植物公共艺术虽然普遍只注重形态，还没有融入太阳能发电等功能考虑，但已经带有了设计的韵味。抽象的形态和较大的尺度，更适合各类功能的集成，从而为植物仿生公共艺术的出现奠定了基础。英国的《信号灯树》正是在这种背景下出现的。

第三节　植物仿生公共艺术代表作——《信号灯树》

图 2-11 环岛上的《信号灯树》

1998 年由法国艺术家皮埃尔·维维安(Pierre Vivant)在伦敦完成的《信号灯树》(The Traffic Light Tree)(见图 2-11)应当是利用植物造型表达生态主题的仿生公共艺术较早的实践案例。

维维安是为数不多的出生于法国但长期在英国工作的艺术家，主要从事户外艺术、影像艺术和临时性艺术创作，以富于创意和手法不拘一格著称。

《信号灯树》位于伦敦金丝雀码头一个环形交通枢纽口，75 组信号灯像树冠一样布置在 8 米高的灯杆上，重复叠加，富于形式美感。在晚间，红绿灯交相闪烁，又提供了丰富多彩的灯光效果。虽然限于时代和技术条件，作品本身还未使用后来普及的发电技术，但作者的初衷是代替原处一棵因污染死去的法国泡桐，可以说具有很强烈的环境保护意味。完工后的作品，其基本形态与旁边的树木十分相近，视觉效果统一，同时带有人工特征的信号灯又能与都市的摩天大楼融合到一起（见图2-12～图2-15）。这也可以从作者的表述中体现出来："雕塑模仿相邻的伦敦自然景观树木，而不断变化的灯光显示模式揭示并反映了周围金融和商业活动永无止境的节奏。"当然这里还有一个故事，据说最初的构想是希望闪烁的信号灯能够反映近邻伦敦证交所的活动，但在当时的技术条件下，这种关联过于昂贵且难以实现，因此被放弃。

图 2-12 《信号灯树》与周边树木尺度基本相当

图 2-13 《信号灯树》从色彩上力求融入环境

图 2-14 《信号灯树》大量运用交通符号作为基本元素

图 2-15 《信号灯树》细节

作品落成后成为金融街地标，享有很高的知名度。更有趣的是，一开始经过这一环岛的司机困惑于哪个才是真正的信号灯，但经过一段时间后，大家逐渐都接受并喜爱上这件作品。2005 年，英国传奇汽车保险公司针对驾驶员做了一项调查，询问驾驶员认为最好的环行路，《信号灯树》所在的位置几乎是最热门的选择。当然，《信号灯树》并没有在最初的位置上永久停留。2011 年 12 月，由于环岛改造，作品的所有者——陶尔哈姆莱茨委员会（Tower Hamlets Council）将其搬迁，于 2013 年迁至特拉法尔加环岛（见图 2-16 和图 2-17），并在 2014 年 1 月 12 日在新址举行了官方揭幕仪式。

图 2-16　夕阳中的《信号灯树》

图 2-17　《信号灯树》的夜景

第四节　中国植物仿生公共艺术代表作——成都太古里项目

植物仿生公共艺术在欧美国家成熟得相对较晚，中国在这一领域的成果也远不如其他环境领域或设计创新领域。近年来比较有代表性的作品还要数成都太古里项目（见图 2-18 和图 2-19）中的《自然》和《大花》（见图 2-20）等。

在成都太古里西里二层和中里二层，分别摆放着由中国艺术家武海鹰创作的《四川

图 2-19　太古里远眺图 2

图 2-18　太古里远眺图 1

图 2-20　采用玻璃吹制工艺完成的《大花》

草莓》和《成都樱桃》（见图 2-21），作品的主体分别是一组三枚草莓和樱桃，它们都是四川的水果特产，味道甜美。作者通过大小、位置上的调整营造出形式美感。《四川草莓》，还通过将一颗草莓切半来提供乘坐休息功能。这一尝试可以看作奥登博格现成品公共艺术的中国化，证明在新时代的东方大地上，现成品公共艺术作为一种适应性强的创作方法，还会有很旺盛的生命力。当然，这两组作品没有上色，效果上难免打了些折扣。

由英国艺术家 George Cutts 创作的《跃动》（见图 2-22），是太谷里项目中唯一一件电动公共艺术，灵感源于中国幸运竹。但按照作者的意图，《跃动》的和谐造型象征着好运与财富的到来。但从形式上看，作品总体尺度较小，属于线构成范围。作品与环境的一体化程度较高，通过水体设置阻挡人们穿过，提高了安全性。

图 2-21 《成都樱桃》

图 2-22 《跃动》

　　总体而言，植物仿生公共艺术在中国有广阔的市场需求，但其推广对整个社会的科技水平与基础设施的智能化程度都提出了较高要求。

小　结

　　尽管在 2000 年以前，限于各种因素，与《信号灯树》类似的植物仿生公共艺术还停留在单纯借用植物形态的基础上，但它们从形式和基本概念上为 2000 年以后大放异彩的植物仿生公共艺术奠定了基础。

千树万树——植物仿生
公共艺术的渊源

————— 章 | 测 | 试 —————

一、单选题

1998 年由法国艺术家皮埃尔·维维安完成的_____应当是利用植物造型表达生态主题的仿生公共艺术较早的实践案例。

A.《未来之花》　　　　　B.《信号灯树》　　　　　C.《金属树》

二、多选题

植物仿生公共艺术在中国成都太古里项目中，有作品_____。

A.《自然》　　　　　B.《太阳树》　　　　　C.《大花》

三、判断题

《信号灯树》创作的初衷是代替原处一棵因污染死去的法国泡桐，可以说具有很强烈的环境保护意味。　　　　　　　　　　　　　　　　　　　　　　　　　　　　（　　）

四、简答题

1. 你如何理解技术在植物仿生公共艺术发展中扮演的角色？

2. 你认为植物公共艺术与科技含量更高的植物仿生公共艺术应如何在新时代的都市中并存？

第三章

步入正轨——
植物仿生公共艺术的发展历程

虽然在公共艺术领域，借鉴植物仿生学的成果相对比较晚，但发展较快，仅仅十余年间，对植物的模仿就从单纯的形态仿生向复杂的非形态仿生发展。由早期《信号灯树》对植物外在形态的借鉴，深入到对植物系统的能量转化与环境适应特性的模仿，艺术家们开始融入太阳能和风力发电的创想。

| 第一节 | 跨过卢比肯河——
《太阳能树》和《光之群花》 |

东方人会用"破釜沉舟"来形容义无反顾，没有回头路，而在植物仿生公共艺术最早出现的欧美国家，人们则会用"跨过卢比肯河"来表达同样的意思。卢比肯河是意大利北部一条约 29 公里长的河流，源自亚平宁山脉，流经艾米利亚 - 罗马涅大区南部，最终在里米尼以北大约 18 公里处流入亚德里亚海。公元前 49 年，在罗马内战中，恺撒不顾军团将领不得带兵渡过卢比肯河回到罗马的禁忌（中国古代也有边军不得入京师的类似禁忌），毅然决然渡河进军罗马，击败庞培势力，获得内战胜利。2007—2008 年间，由欧洲科技、商业、艺术力量联合完成但最终未能全胜的两个案例最能体现这一道理，即植物仿生公共艺术的进化与发展并不是一帆风顺和一蹴而就的，它需要很多先驱的探索甚至失败。

案例 1：开创先河——维也纳《太阳能树》(Solar Tree)

奥地利维也纳雷恩斯塔塞（Ringstrasse）社区从 2007 年开始全面使用一种新颖的"太阳能树"来照明。该"太阳能树"每株共有 10 盏灯，都以植株的形式存在，每棵"植株"顶端有 36 个太阳能电池，通过传感器测得空间亮度，以在太阳落山时启动太阳能灯，在太阳升起时自动关闭太阳能灯。尽管云雾天全天没有直接的阳光，但"太阳能树"的太阳能电池仍可储存足够的电能。这种"太阳能树"的照明效果良好，树上设置的太阳能电力驱动 LED 照明系统可减少碳排放。

该项目由罗斯·洛沃格罗夫（Ross Lovegrove）任首席设计师。同样在项目中发挥重要作用的是意大利照明企业 Artemide，以及夏普太阳能有限公司。罗斯·洛沃格罗夫设计《太阳能树》的初衷，是从城市设计的新视角来考虑社会、文化和生态变化的需求。虽然在维也纳普及这一项目遇到了一定的阻力，但项目组还是希望在未来能说服世界各地的其他大城市使用"太阳能树"(见图 3-1 ～图 3-5)。

图 3-1　《太阳能树》雏形（此时基座为方形水泥材质）

图 3-2　早期《太阳能树》夜间效果

图 3-3　早期《太阳能树》仰视效果（底部 LED 灯清晰可见）

图 3-4　《太阳能树》在设计中考虑到了维也纳古色古香的街头氛围

图 3-5　底部点亮的 LED 灯

相比之前与之后的一些类似艺术项目,《太阳能树》由于起步较早,探索意味较浓。而且从项目团队组成来看,该作品更偏向于工业设施设计,在艺术的独创性以及与公众社会的互动性上略有不足。项目后期,通过更符合人体工程学的改造,将底部原本简陋的方形水泥基座改为圆形座椅,得以小规模普及(见图3-6～图3-9)。但此时已经错过了最佳的发展机遇,只能面对无数性能更完善的"后辈"的竞争。

图3-6 《太阳能树》的枝干部分以钢管为原料,易于成型

图3-8 《太阳能树》设计图细节

图3-7 《太阳能树》设计图

图3-9 后期改进的《太阳能树》与优美且符合人体工程学的座椅结合

案例 2：壮志难酬——飞利浦公司的《光之群花》(Light Blossom)

近年来，荷兰皇家飞利浦公司（以下简称飞利浦）瞄准了依靠清洁能源的艺术化公共设施的市场需求。他们的判断是世界上超过一半的人口生活在城市，他们对电力的需求与日俱增。飞利浦经过计算认为，单纯依靠不可再生能源远远无法实现这一目标，只有依靠风能、太阳能等可持续能源，才是正确的发展方向（见图 3-10）。

图 3-10 《光之群花》想象图

依靠雄厚的技术资本，飞利浦设计出了较为复杂的《光之群花》概念路灯。白天它会呈花朵状伸展开来吸收阳光，收集太阳能，并模仿向日葵的趋光特性，随太阳而转动，以达到最佳的吸收太阳能效率。当阴天或太阳落山而有风吹过时，这些花瓣会慢慢收缩，随着风转动，以达到最大限度利用风能的效果。到了晚上，花瓣就会合起来呈花苞状，LED 灯从内部散发出适当强度的灯光，还会随着路人的移动而转换方向（见图 3-11～图 3-16）。

图 3-11 《光之群花》在阴天时合拢

图 3-12 《光之群花》在有阳光时张开

31

图 3-13 《光之群花》的夜间效果

图 3-14 《光之群花》的照明可以跟随人的脚步移动

图 3-15 《光之群花》张开的想象图

作为 2008 年推出的概念设计，《光之群花》在当时确实吸引了足够的关注。但截至目前，还没有实际投入使用的消息，毕竟，在这样小尺度的灯柱上集成太阳能采光板、光源、声敏设备、转动或张开所需的微型伺服电机等，还要考虑到大规模生产和大面积推广，以及维护相应的电力配套设施，可以说超越了现在的材料、工艺水平，而且势必成本高昂。在很多城市还缺少足够的资金去解决教育、住房等基本生活问题的同时，大规模投入这种昂贵的路灯，缺少性价比上的合理性。

富于科幻色彩的《光之群花》在一定程度上超越了所处的时代。但发展到今天，随着诸多生态灾难的发生，人们对于以更高代价获取清洁能源有了充分的认识，而且记忆合金、智能电网等相关技术在快速成熟，也许《光之群花》或类似的设计在 2025—2030 年间投入实际使用是一个可行的选择。

图 3-16　张开后内部的太阳能电池板清晰可见

跨过卢比肯河——《太阳能树》和《光之群花》

效法自然——《CO2LED》和《鲜花》

第二节

《太阳能树》和《光之群花》虽然都采用了革命性的前瞻设计，但都没能大面积推广，除了上面所说的技术问题外，也与直接进行商业化运作，前期调研不足有关。而且设计团队没有处理好艺术和技术的平衡，尤其是飞利浦的项目，选择了一条明显过于复杂的技术路径。基于这一背景，2007—2008 年间，美国《CO2LED》与英国《鲜花》体现出降低技术难度，更多从自然环境寻求灵感的特点，体现了植物仿生公共艺术在不断进步过程中的探索，也可以视为科技树上的不同支系，今天看来别有一番研究意义。

案例 1：芦苇丛中——《CO2LED》

2007 年 7 月 31 日，美国阿灵顿县水晶城迎来了一件全新的植物仿生公共艺术——《CO2LED》（见图 3-17）。这件作品由艺术家杰克、罗伯特和安东尼共同设计。其中，杰克和罗伯特都是来自奥斯汀的艺术家和建筑师；安东尼则是阿拉斯加州的民间艺术家。

图 3-17 《CO2LED》布置时考虑到了街道沿线的环境特点

图 3-18 照明能源全部来自白天对阳光的采集与转化

图 3-19 《CO2LED》利用简易的材料达到了理想的效果

作品本身是一件临时的公共艺术项目，旨在响应阿灵顿的环保倡议，促进使用替代能源，以及资源的循环利用。从设计者的出发点来看，模仿的是以往不引人注目的芦苇。作品主体由 522 根 LED 杆组成，高从 5 英尺[⊖]到 13 英尺不等，顶端套有一个可重复利用的废弃塑料瓶。空地边缘的一块太阳能电池板为作品夜间照明提供了能源。这也是作品名称《CO2LED》(二氧化碳 + 发光二极管) 的由来 (见图 3-18)。

作品的生态主题是毋庸置疑的。利用太阳能发电提供照明的思路，无疑走在时代前沿。尽管太阳能电池板和作品的分别布置降低了仿生的意义，但考虑到作品低廉的造价 (据估算不到 5 万美元)，以及便于搬运和拆解等优点，显然是达到了设计目的。对塑料瓶的利用更多的是突出生态意义 (见图 3-19)，毕竟在当时的美国，更确切地说是阿灵顿，丢弃一个空水瓶据称要支付 2500 美元的罚款，可见环境保护法规之严厉。因此，对塑料瓶的再利用就显得意义更为突出。正如项目执行董事安吉·福克斯 (Angie Fox) 所说: "这个项目推进了我们为水晶城注入光明和活力的使命。还有什么比环保照明更好的方式来表达这一点呢? 特别是考虑到每天有 48000 辆汽车穿过 1 号公路的这一段。" 艺术家杰克则认为: "这件作品的目的是唤起人们对促进能源可持续发展的重视，是对新型能源技术的可利用领域和对再回收材料重新利用的赞美"。

此外，塑料瓶的使用还为作品提供了难得的形式美感。LED 在塑料瓶的棱面下发出朦胧的光芒，创造出柔软起伏的光云。微风拂来，仿佛是一片发光的芦苇丛，真是美轮美奂。不过这也指出了作品在形式上的不足，即夜间效果突出 (见图 3-20) 而昼间景色不够引人注目 (见图 3-20 和图 3-21)。

⊖ 1 英尺 =0.3048 米。——校者注

图 3-20 《CO2LED》的夜间效果

图 3-21 《CO2LED》的昼间效果

总体来看，虽然《CO2LED》形式简单，也不是永久性作品，但在 2007 年的时代背景下，作品的落成还是成功提高了人们对全球气候变暖的重视程度，并在植物仿生公共艺术的探索上迈出了重要的一步。

案例 2：以新鲜之名——英国花瓣遮阳棚《鲜花》

在 2008 年伦敦建筑节上，《未来之花》的设计师 Tonkin Liu 完成了名为《鲜花》（Fresh Flowers）的花型廊架，为建筑节参会人士提供休闲、交流的临时性场所（见图 3-22）。考虑到该构筑物必须能每一两天搬迁一次，以满足建筑节五个中心的需求，因此便于拆装和运输成为主要制约因素。Tonkin Liu 决定采用熟悉且日渐流行的植物仿生造型来完成方案，他和团队也据此选择了"新鲜"作为主题。

图 3-22 《鲜花》带有鲜明的功能导向特点

11 片拱形花瓣从中央向四周展开，彼此堆叠（见图 3-23），营造出约 100 平方米，从 2.7 米到 4.3 米高不等的多样化空间，以满足人们不同的交谈与社交需求。花朵的骨架由高强度钢制成，主要蒙皮是康力斯（Corus）公司赞助的材料——拉伸织物，质量轻、强度高（见图 3-24）。考虑到夜间使用和外观效果，作品还在花梗中设置了光源，可以照亮整座构筑物。虽然限于成本、结构和其他制约因素，没有引入太阳能发电等传统生态科技，但设计者巧妙利用了花瓣的天然形态，使雨水可以滑入花梗中的管道，并流入雨水采集器（见图 3-25），可用于浇水，具有一定的生态保护意义。

图 3-23 《鲜花》能够根据需要充分展开

图 3-24 《鲜花》采用质量轻、强度高的拉伸织物

图 3-25 《鲜花》带有雨水采集功能

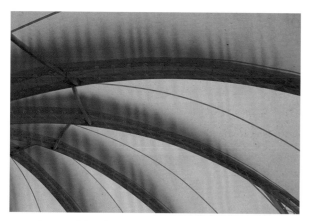

图 3-26 《鲜花》透光性很好，能够满足内部使用功能

《鲜花》以充裕的使用空间、鲜艳的色彩和灵活的可拆卸性为伦敦建筑节增光添彩，此后也没有虚度光阴。很快，它就在"2009 年国际地产投资大会"（MIPIM）上发挥了重要作用（见图 3-26 ～图 3-28）。

图 3-28 《鲜花》的夜景效果

图 3-27 《鲜花》与周边树林结合

起承转合——《凤凰之花》与《未来之花》

在《光之群花》等案例并没有获得全面成功的背景下，值得关注的是 2010 年这个转折年，英国的两件艺术、技术、社会经济发展等各因素平衡的公共艺术作品《凤凰之花》和《未来之花》大获成功，真正奠定了近年来植物仿生公共艺术快速发展的基础。

案例 1：折中的艺术——《凤凰之花》

在英国近年来以文化为先导的"城市复兴"中，利用公共艺术活化环境氛围，吸引人流，从而使沉闷甚至危险肮脏的环境焕发生机，是一项重要举措。很多时候，位于苏格兰格拉斯哥的《凤凰之花》（Phoenix Flowers）被埋没在同时期作品《未来之花》的阴影下，很少得到公平客观的评价，但其实它在植物仿生公共艺术发展的承上启下中，与后者几乎起着同等重要的作用。

斯皮尔斯洛克斯（Speirs Locks）地区位于北格拉斯哥到格拉斯哥市中心的必经之路上，临近对苏格兰至关重要的福斯—克莱德运河（见图 3-29）。历史上，这里曾是繁忙的贸易中心，但随着运河在经济发展中地位的日渐降低，这里也日渐荒凉。随着直接贯通城市的高架 M8 高速公路的建设，这里变为一块桥下无人问津的土地，难以用做工业和农业用地，而且治安和卫生开始恶化，黑暗、肮脏、吵闹和富于威胁性（见图 3-30）。因此，格拉斯哥市议会、伊希斯滨水复兴组织等合力推出"格拉斯哥运河再生计划"（Glasgow Canal Regeneration Partnership，简称 GCRP），设计工作主要由 7 n 建筑事务所和 Rankin Fraser 景观设计事务所完成。

设计团队专注于再生的策略，主题为"生长的地方"，力求改变地区的负面看法，培育更好的物理和经济环境，鼓励创意团队迁入，扩大原有的区域。在物理策略上，首先，用富

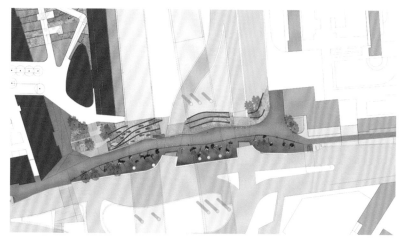

图 3-29 《凤凰之花》的基地环境

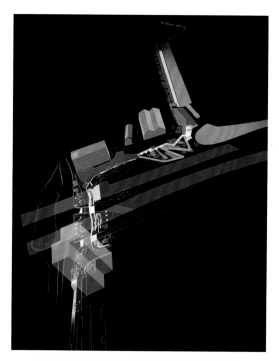

图 3-30 所在地急需公共艺术营造宜居氛围

有亲和力的红色树脂路面代替以前单一、无可选择的路线，给人以更为放松和减少敌意的心理感受（见图 3-31）。最显著的视觉标志是一条由 50 朵彩色铝制花朵组成的"人工绿化带"。这些花朵两三朵为一组，结合在一个兼具座椅功能的底座上，高低错落布置得颇具美感。花朵本身色彩鲜艳，但形式并不复杂，大多是三个花瓣的极简化形式，但极具卡通美感。花瓣上星罗棋布的一些小孔有助于降低风阻，延长作品的寿命，同时也丰富了肌理。这些花瓣既是艺术品，又能起到遮阳的作用，使这片区域的人们乐于驻足欣赏游玩（见图 3-32 和图 3-33）。为了与地区文脉加深联系，这组作品以该地曾经存在的凤凰公园命名为《凤凰之花》。

图 3-31 《凤凰之花》使桥下消极空间变得亲人

图 3-32 《凤凰之花》的彩色铝制花朵

图 3-33 《凤凰之花》注重形式

图 3-34 《凤凰之花》未采取太阳能发电

当然,《凤凰之花》并没有加入太阳能或风力等清洁能源发电。一方面,花瓣上的开孔很难安装太阳能电池板;另一方面,格拉斯哥土地服务部门为其提供了电能(见图 3-34)。夜间照明通过枝干上的光源反射到花瓣背面,另外底座内部也散发出柔和的光线,照明效果比较理想(见图 3-35)。

作品于 2009 年 9 月 21 日开工,2010 年 6 月 28 日完工,建设周期较短,经费总额为 120 万英镑。作品落成后极大地改变了原有土地面貌,更多创意公司和文化演出团体开始迁入,如苏格兰皇家音乐戏剧学院(RSAMD)和苏格兰国家剧院(NTS)等。该地区的目标是在 15 年内成为苏格兰创意中心。

图 3-35 《凤凰之花》局部夜景

案例 2：点亮科技树——《未来之花》

《未来之花》2010 年落成于英国默西河（Mersey River）畔。在材料和形态方面，《未来之花》使用寻常可见的软钢作为基本材料，用多组镂空金属片编成花状，同时通过镂空处理进一步降低结构重量，并辅之以精密的加工工艺，实现了与环境的互动和可循环利用的绿色设计标准（见图 3-36 和图 3-37）。

图 3-36 《未来之花》与所在地的滨水地形

图 3-37 《未来之花》起到了更新褐地和活跃人气的作用

《未来之花》自身高 4.5 米，用钢柱支离地面后全高 14 米，钢柱上固定风力涡轮（见图 3-38），120 片穿孔镀锌软钢花瓣内部包含 60 个由风力提供电能的 LED 照明灯。当风速超过每小时 5 英里时，灯光就会逐步明亮，直至形成一团红色的光芒，因此被命名为《未来之花》。作品不但在昼间和晚间都取得了很好的视觉效果，而且也突出了与环境互动的主题（见图 3-39）。

图 3-38 《未来之花》利用风力涡轮

图 3-39 《未来之花》充分实现了艺术品与自然、人文环境的和谐

此外,《未来之花》的设计者还通过在主要结构——花瓣上穿孔来降低风载荷,避免大风情况下受力过大而变形,进一步提高了安全性。当然,人为因素损毁公共艺术作品的情况可能会根据所在地区的经济和人文素质等因素而成为一个变量。在这一点上,借鉴国外先进经验的同时还要充分考虑国情,具体情况具体处理。

与近年来欧美其他高水平公共空间雕塑一样,《未来之花》的艺术效果很大程度上来自高精度金属加工工艺和计算机模数化设计(见图 3-40),其加工过程集结了可持续工程公司 XCO2、结构工程师埃克斯利·O. 卡拉汉(Eckersley O.Callaghan)和麦克·史密斯(Mike Smith)艺术工作室的力量,属于强强联合和优势互补的合作典范(见图 3-41 ~图 3-44)。

图 3-40 《未来之花》具有高度的模数美感

41

图 3-41 《未来之花》正在施工

图 3-42 《未来之花》逐渐焊接成型

图 3-43 《未来之花》基座正在运输

图 3-44 《未来之花》"叶片"正在叠装运输

起承转合——《凤凰之花》
与《未来之花》

最后需要看到的是，《未来之花》也是英国"城市复兴"的有机组成部分，并作为默西河滨水区再生计划的一部分进行竞赛招标设计。该计划目标大胆，内容广泛，包括清洁闲置、受污染的土地，为本地创造 1100 个就业机会，营造一个现代化、拥有足够休闲设施的商业办公环境。甚至，花这一灵感就来自默西河岸边这种自然和工业的"相遇"，这也可以看做艺术来源于生活的一种具体表现方式。总体而言，以作品本身的艺术质量和创新理念为基础，加之适当的宣传力度，《未来之花》已经成为柴郡威德尼斯这一地区复兴的象征，当地人普遍对该作品能吸引更多观光客与投资者充满信心。

小　结

　　总体来看，2007—2010 年是植物仿生公共艺术发展的关键年份。经过一系列探索的大胆试错，艺术家们为后来者积累了丰富的经验。在世界范围内，植物仿生公共艺术的发展逐渐步入正轨，人们开始力求在科技、生态、成本等要素之间获得平衡，并为今天植物仿生公共艺术纷繁多样、蓬勃发展的面貌奠定了基础。

章｜测｜试

一、单选题

1. ＿＿＿＿＿2010 年落成于英国默西河畔，由 Tonkin Liu 事务所设计。

A.《手》　　　　　　　B.《未来之花》　　　　　　C.《云门》

2. 奥地利维也纳雷恩斯塔塞社区从 2007 年开始已全面使用一种新颖的"＿＿＿＿＿"来照明。

A. 太阳能树　　　　　　B. 太阳能灯　　　　　　C. 新能源灯

3. 位于苏格兰格拉斯哥的＿＿＿＿＿被埋没在同时期作品《未来之花》的阴影下，很少得到公平客观的评价，但其实它在植物仿生公共艺术发展的承上启下中，与后者几乎起着同等重要的作用。

A.《凤凰之花》　　　　　B.《信号灯树》　　　　　C.《金属树》

4.《未来之花》使用寻常可见的＿＿＿＿＿作为基本材料，用多组镂空金属片编成花状。

A. 硬钢　　　　　　　　B. 铝合金　　　　　　　C. 软钢

二、判断题

1. 虽然在公共艺术领域，借鉴植物仿生学的成果相对比较晚，但发展较快，仅仅十余年间，对植物的模仿就从单纯的形态仿生向复杂的非形态仿生发展。　　　　　（　　）

2. 飞利浦公司设计出了较为复杂的《光之群花》概念路灯。　　　　　　（　　）

3.《凤凰之花》设计团队是在"百分比计划"的资助下开始设计工作的。　　（　　）

4.《未来之花》的艺术效果很大程度上来自高精度金属加工工艺和计算机模数化设计。

（　　）

5.《凤凰之花》用富有亲和力的蓝色树脂路面代替了以前那种单一、无可选择的路线，给人以更为放松和减少敌意的心理感受。　　　　　　　　　　　　（　　）

6.《凤凰之花》并没有加入太阳能或风力等清洁能源发电。　　　　　　　（　　）

三、简答题

1. 奥地利的《太阳能树》未能普及开来的主要原因是什么？有怎样的背景？

2.《凤凰之花》在苏格兰当地经济发展中发挥着怎样的作用？

第四章

风云际会——
植物仿生公共艺术的建设趋势

2010 年前后，植物仿生公共艺术与临时功能性建筑的成功结合反映出复合碳纤维等材料工艺的进步和复兴城市社区的特殊需求，在未来势必有更大的发展空间，也必将成为生态公共艺术的主流之一。

通过对具有典型性和代表性的案例进行重点分析，根据对植物仿生公共艺术发展历史的梳理，结合当前社会、经济、技术、思潮发展的宏观趋势，可以为植物仿生公共艺术的发展总结出六个趋势。

第一节 | 轻——逐渐重视基础材料的轻质量、高强度与可回收性

材料是构成大多数公共艺术作品形态的基本要素。黑格尔在他所处的时代以雕塑为例阐述过相关原理："雕塑可用来塑造形象的元素是占空间的物质。"因此，材料的合理运用是植物仿生公共艺术设计贯彻生态观念的基础工程。但是，当前对公共艺术生态材料缺少相关界定标准。植物仿生公共艺术作品大多位于公共空间内，承担具体功能，特别要承受时间和自然的磨蚀，因此对材料的坚固性等指标要求很高。如果采用的生态低碳材料，在使用中因强度不够或其他原因造成公众受伤，就会酿成舆论危机。现有生态材料标准往往对应艺术创作室内雕塑，机械、孤立、浅层次地运用生态绿色观念，片面追求可降解性。按此理念创作的作品只适合于室内展览，其普遍特点是材料有机化带来形态的非永久化，比较有代表性的材料有冰、木、竹、废弃物等，不能满足公共空间艺术的工程标准要求。另一种相反的趋势是不加分析地套用建筑绿色材料相关标准，而忽视艺术与建筑的区别，也对实现公共艺术的生态设计产生不利影响。因此，有必要先对公共艺术生态材料界定标准进行研究，碳纤维等新兴高强度材料的应用正在为植物仿生公共艺术打开一片新的天地。

除了与生态公共艺术相近的材料要求外，植物仿生公共艺术普遍在形态上借鉴了植物的简单构型，因此，实现巧妙构思和复杂功能相当程度上落在了先进材料的使用上。如法国的《风树》能够利用小尺寸风力涡轮发电，离不开在轴承上对合金化程度高的单晶高温合金的利用，它有效克服了传统铸锻高温合金的不足。与同样代表先进科技水平的陶瓷热障涂层综合使用，使得《风树》在恶劣的工作环境下具有极佳的抗热疲劳和机械疲劳性能。可以说，大部分案例的构想得以实现，先进材料及其配套加工工艺功不可没。由此可以看出，对公共艺术的后起国家来说，扎实的材料科学基础，以及能够使最新材料成果运用于公共艺术设计制造的顺畅、合理的机制实在是必不可少的。

案例：航天的馈赠——《M 展厅》（M Pilivion）

2015 年落成于澳大利亚墨尔本维多利亚公园的《M 展厅》大量使用了碳纤维材料，以 95 根纤细的支柱支撑着 13 个大叶片和 30 个小叶片。这些仅有 5 毫米厚的叶片打造出了一片看似轻盈实则坚固的人工"森林"（见图 4-1 ~ 图 4-3）。

图 4-1 《M 展厅》昼间效果

图 4-2 《M 展厅》黄昏效果

如《M 展厅》的设计师 Amanda Levete 所言："我们设计的《M 展厅》旨在创造一个森林一般的空间，看似脆弱、难以支撑起"花瓣"的纤细柱体，在微风中轻轻摇摆（见图 4-4）。树冠下光影斑驳，看起来非常梦幻（见图 4-5）。《M 展厅》的视觉效果与独特的设计初衷如果依赖于传统材料，想实现会有很大难度。这种高度借鉴植物的造型甚至组织结构来实现内部使用功能的公共艺术形式，已经成为植物仿生公共艺术中特殊但重要的门类，应用范围越来越广泛（图 4-6 ~ 图 4-8）。

图 4-3 《M 展厅》夜间效果

图 4-4　碳纤维支柱较细

图 4-5　《M 展厅》的微妙光影

图 4-6　《M 展厅》具有良好的遮阳功能

图 4-7　细节肌理丰富

轻——逐渐重视基础材料的
轻质量、高强度与可回收性

图 4-8　与周边环境结合

真——形态上越发逼真，进一步融入都市环境

相对于传统形式的作品，植物仿生公共艺术更容易融入都市环境。一方面，天然树木是都市中不可缺少的固有景观之一，模仿树木造型、尺度的公共艺术不会让人感到突兀，《信号灯树》就是这方面较突出的案例之一。另一方面，随着城市化程度的不断加深，都市环境寸土寸金，为每件作品设计独立的广场已成为一种奢侈。公共艺术的布置方式必须顺应时代的发展，尽可能不阻挡交通流线。在这方面，植物仿生公共艺术可以模仿树木的排列方式，如奥斯汀《太阳花》可以沿道路一字排开，以节省空间。总体而言，此类公共艺术在空间中的排布方式更近似于景观园林，而非雕塑。

案例：单晶悬铃桐——《风树》

在生态科技雕塑的设计竞争中，除了艺术家和设计团队外，连基础设施供应商也不甘落后，争相通过高水平的工业设计与环境设计，将风能和太阳能发电设施与雕塑形态结合起来。法国 New Wind 集团开发出公共艺术型风力涡轮发电机——风树。这种风力涡轮发电机选择成年大树的形态和相近高度（26 英尺），能够很好地被人们所接受，也彰显了生态环保的主题。更值得关注的是，这样的生态树对植物仿生学的运用已经从外在形态走向内在机制。设计者摒弃了效率低下的传统叶片式风力涡轮，选用了酷似豌豆荚的小型风力涡轮，其独有的凹槽型设计能够更好地捕捉都市中无处不在且风向多变的微弱风力（见图 4-9 ~ 图 4-11）。

图 4-9 《风树》在公园环境中

图 4-10 《风树》在建筑周边环境中

图 4-11 《风树》与人的尺度、心理感受较和谐

"风树"更确切的名称是树状风力涡轮机（Tree-shaped Wind Turbines），其灵感来自该公司创始人，他发现树叶会在人们几乎感觉不到风的时候颤动。他认为只有树形的小涡轮才能有效利用这些微弱风力。他也坦率承认，相对于大叶片的传统风力发电机，风树的效率还不够高，但前者不可能这样毫无阻碍地布置在人流密集的城市广场，如布置在巴黎的协和广场的成品，单价已经降至 23500 英镑（约合 15 万元人民币）（见图4-12～图4-16）。

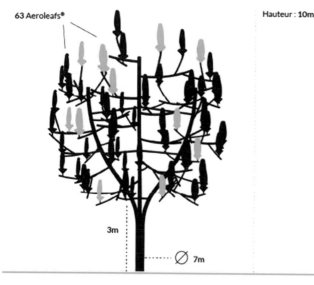

图 4-12 《风树》设计图

图 4-13 《风树》的"叶片"1

图 4-14 《风树》的"叶片"2

图 4-15 《风树》的"叶片"3

真——形态上越发逼真，
进一步融入都市环境

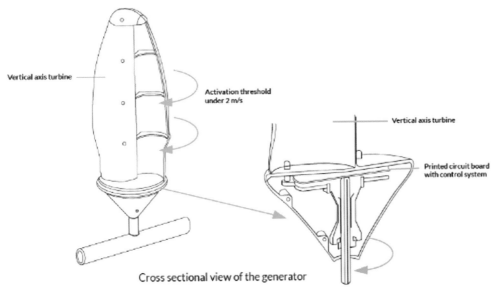

图 4-16 《风树》的"叶片"设计图

51

第三节　活——发挥自身优势，更多采用互动技术，以实现社会效应

案例：最初的梦想——耶路撒冷《Warde》

以往艺术家大多通过形式创新来达到与公众互动这一目标，如在人体工程学基础上改变局部形态，提供乘坐休息功能，或者穿越交通流线等。随着科技的进步以及审美思潮的转变，声敏技术介入公共空间，诞生了《Warde》这种新时代的高科技装饰雕塑，并成功达到了策划方所预期的社会目的。

耶路撒冷是一座历史悠久的文明古城，但是近年来由于多方面原因，出现了市中心凋敝萧条、年轻人外流的现象，市中心 Vallero 广场就是典型区域。耶路撒冷借鉴英国等国的做法，利用公共艺术和文化创意扭转了这一趋势。他们邀请 HQ Architects 设计团队介入。为了振兴这个日趋破败的空间，设计师打造了一系列 30 英尺高的巨大红色充气花朵。每株花朵分为两部分，跨度达到 9 米 ×9 米。有趣的是，花朵内部设置了探测感应器，当人经过时，花瓣就会打开，为人们提供荫凉处，反之则会关闭（见图 4-17～图 4-20）。夜间，花朵可以提供照明（见图 4-21 和图 4-22）。应当说，在公共空间艺术设计中采用声敏技术是有风险的，可能会惊吓不知情的游客和孩童。在这方面，由于植物本身即有生命，相当多的植物种类能够对外界刺激作出反馈，因此植物仿生艺术采用与人互动的技术更易为公众所接受。而且与几何形体或动物造型公共艺术相比，植物型艺术与人的互动更不具威胁感，这都对营造社区空间的积极友好

图 4-17　《Warde》昼间无人经过时的状态

氛围大有帮助，这正是《Warde》的独特创意能成功的一大先导因素。

《Warde》落成后不久，奇迹发生了：原本不愿在此驻足片刻的公众开始自觉或不自觉地在花朵下停留，乘凉休息。不同族群的人们也逐渐摒弃成见和隔阂，向互相交流迈进了一大步。重新有商家愿意在这里开业，让这个近乎荒废的空间重现生机的做法取得了初步成功（见图 4-23 和图 4-24）。

图 4-18 《Warde》正在充气展开

图 4-19 《Warde》安全展开的状态

图 4-20 《Warde》夜间低垂的状态

图 4-21 从该角度可见花蕊中央的 LED 灯

图 4-22 晚间《Warde》提供照明并限定空间

图 4-23 《Warde》周边成为人们交谈休憩的理想场所

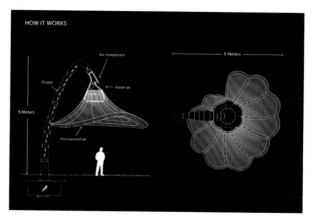

图 4-24 《Warde》设计图

第四节 强——功能强大而且实用，推广普及门槛降低

由于植物本身就具有遮阴、通过光合作用转化能量、吸收二氧化碳并释放氧气等功能，因此植物仿生公共艺术具有这些功能就变得顺理成章。由于新材料、新技术的采用，植物型公共艺术的此类功能远远强于同尺度的天然树，这在当前城市热岛效应加剧、空间日渐逼仄、空气污染状况越发严峻的形势下具有积极意义。

案例：矩阵之花——《光之雕塑》(The Living Light Sculpture)

空气污染问题在生态公共艺术中得到重视的时间较晚，因为它相对于水体或土壤污染，具有不直观的特点。巴黎空气质量气球虽然开创了先河，但受到天气很大影响，气候恶劣时不能升空，而且运营方还有经济方面的考虑，因此可靠性不够高。而在韩国首都首尔，结合科技与生态，落成了空气质量数字地图《光之雕塑》(见图 4-25 和图 4-26)。

图 4-25 《光之雕塑》昼间效果

图 4-26 《光之雕塑》夜间效果

这件作品本身使用了典型的植物仿生法，如同树干的金属支架，支撑着一面由玻璃制成的巨大树冠；而树冠本身则是一幅巨大的首尔地图，上面标示着不同的行政区划。来自 27 个空气质量检测站的数据在这里汇聚，每15 分钟通过亮度表示一次不同行政区划的空气质量，数据则来自韩国环境部空气质量检索点的实时传递。因此人们称其为空气质量数字地图。采用植物造型一方面呼应了生态主题，另一方面在公园中也不容易产生突兀之感，它能够使人们在一种自然、休闲的氛围中关注环境问题，并对空气质量产生直观的认识。设计者 Soo-in Yang 和David Benjamin 抱有对内嵌电路的"玻璃皮肤"的极大热忱，并期望有一天这种智能化的"玻璃皮肤"能够在建筑上得到推广，从而营造一种既美丽又丰富的公共空间建筑立面（见图 4-27 和图 4-28）。

图 4-27 "玻璃皮肤"细节

强——功能强大而且实用，
推广普及门槛降低

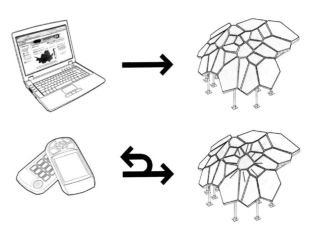

图 4-28 "玻璃皮肤"设计图

第五节 | 净——夜间照明基于清洁能源

夜间照明是公共艺术作品视觉效果的重要来源，也是设计与维护的重点。因为艺术作品相对而言缺少使用功能，不能像建筑一样，通过为使用者提供经济服务的过程实现内部照明，因此，采用何种照明方式关乎能耗和排放等因素。目前中国主要依靠大功率射灯实现外部照明，在至少数十年的寿命预期内要耗费大量能源，造成大量的碳排放。在这方面，以轻质高强度合金为基础，结合新型光源的公共艺术作品由于自重轻，可以依靠风力或太阳能发电照明，既增强了不同时间段和自然条件下的视觉效果，又节省了全寿命期内的维护难度与成本，为全球低碳环保潮流作出表率，是值得借鉴的举措。

案例：硅基向日葵——《太阳花》

2013 年，美国德克萨斯州首府奥斯汀的一条高速公路旁盛开了 15 朵 "太阳花"（见图 4-29 和图 4-30 ），它们首先是向日葵型的太阳能电池板，白天可以吸收太阳能，夜间除满足自身照明需求外，还可通过电网将剩余的 15 千瓦电能传输走，换取自身维护和运营的资金。此外，作品也具有非同一般的艺术美感，无论是昼间花瓣模数化的规整造型，还是夜间蓝色 LED 营造出的海洋般梦幻的效果，都获得极大成功（见图 4-31 ~ 图 4-33 ）。

图 4-29 《太阳花》成组布置

图 4-30 《太阳花》对向日葵原型的仿真度很高

图 4-32 《太阳花》夜间效果

图 4-31 《太阳花》与道路沿线环境

图 4-33 《太阳花》夜间效果（正面）

　　《太阳花》这样的新形态雕塑能够获得成功，与美国重视环境这一特点不无关系。美国绿色建筑委员会推出了"能源及环境设计先导计划"（LEED），从"选择可持续发展的建筑场地""就地取材和资源的循环利用"等方面对美国现有建筑进行科学有效的生态评估，目前也已经在世界范围内得到广泛应用。另外，这种科技含量较高的生态科技雕塑更需要相关工业领域技术的突破。《太阳花》能够实现将太阳能采集的电能除自用外输入电网，就是依赖智能电网技术的突破。传统电网无法适应太阳能、风能等电压不稳定的电流，国内相当数量的风力发电机曾一度处于空转状态，就是由于这个原因。由此可见，生态科技雕塑的推广对整个社会的科技水平与基础设施的智能化程度都提出了较高要求（见图 4-34 ）。

图4-34　仰视《太阳花》

净——夜间照明基于
清洁能源

第六节　辨——技术与美学层面还需深入思考

作为一种具有技术和美学属性，并深度介入社会生活的新生事物，植物仿生公共艺术必然会经受技术与美学层面的审视。从积极角度看，原本可能以任何生硬甚至丑陋的机器形态出现的功能设施，现在以更易为人们所接受的生态形象出现，这应该是一种进步。但从相反角度看，用一棵高科技的人造树或人造花替代天然植物的必要性有多大？人类追求的是否是一种矫饰的生态中心主义？当我们身边出现越来越多运用高科技的人造树或人造花时，我们是否越来越接近科幻电影中的虚拟世界？这些问题都值得认真分析，并基于中国国情进行决策。事实上，当前国内对于人造植物在景观中的运用相当普及，许多地方都可见相当多大型人造树木、多肉植物，甚至蔬菜。然而，由于技术含量不足、设置地点不当、形式美感不佳，这些作品经常成为视觉污染的来源。如果能够借鉴欧美的经验，将很多量产型的风能或太阳能发电装置设计成植物造型，以更好地融入都市环境，不论对艺术进步还是生态文明建设，都有很大助益。

案例：未来景象——波士顿《人造树》

植物仿生公共艺术的崛起必然有其社会需求，也有其相对于其他传统类型公共艺术所独有的优势。2010 年以后，在建设技术起点高、应用规模大的波士顿《人造树》项目上，这些优势体现得格外明显。

在波士顿这样一座科技、金融、教育高度发达的城市，大规模推行植物仿生公共艺术具有深厚的社会基础、技术积淀和财力支撑。秉持"新奇、创意和环保"理念的非营利城市规划组织"重塑波士顿"（Shift Boston）在生态建筑技术与城市艺术营建方面颇为活跃（见图 4-35）。

图 4-35 《人造树》所在基地

从 2010 年 10 月下旬起，"重塑波士顿"组织开始为美国绿色建筑委员会城市树木建设项目展开招标工作。两个项目小组为波士顿（以及其他城市）开发人造城市树林等相关产品提出方案。项目书要求，此类人造树林不需要沙子或水就能实现自然树的功能，能够提升二氧化碳的转化效率，并为不适宜自然树生长的地区提供环境保护。巴黎汇流工作室马里奥·卡塞雷斯（Mario Caceres）和克里斯蒂安·堪瑙尼克（Christian Canonico）提出了富有创新精神的概念性设计，一举中标并开始建设。

这一方案的核心是被称为人造树（Treepods）的空气净化设备。项目通过大量树木形态的空气净化设备实现自身效能。除了美化空间环境之外，每棵人造树每年可吸收 9 万吨二氧化碳。具体的流程技术含量较高，人造树树梢有大量与空气的接触点，其内含生态碱性树脂，通过化学反应可过滤空气中的二氧化碳，释放含氧量更高的纯净空气。反之，碱性树脂装满二氧化碳并和水反应后，会以碳酸化合物的形式储存起来。这一流程称为湿度摇摆（humidity swing），利用了碳捕捉技术（见图 4-36 和图 4-37）。

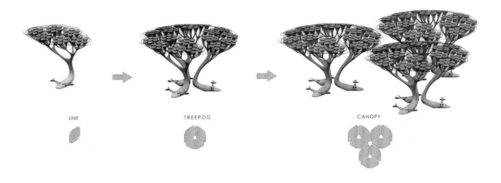

GROWING SYSTEM

图 4-36 《人造树》设计图 1

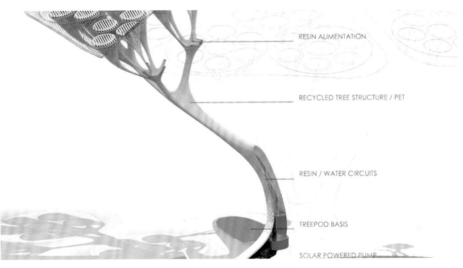

图 4-37 《人造树》设计图 2

　　此类化学反应对电力需求较高。人造树不但通过太阳能板获取太阳能，还引入动能发电原理，通过设置吊床、跷跷板等游乐设施吸引人们参与，既能锻炼身体，又能为设备补充电能。当然，一部分电力将用于夜间作品自身照明。此外，树木本身以回收再利用的塑料瓶为主要原料。该项目在世界范围内引起较高关注。

　　当然，有人会质疑为何不种植真正的树木。"重塑波士顿"组织的人士认为，人造树对于一些污染等级高到自然树很难种起来的城市来说，效果将非常明显。与之相比，人造树对二氧化碳的吸收和对空气的净化能力远远强于天然树木，可能是更主要的原因。

　　就单一公共艺术或空气净化设备来说，人造树是很成功的，其技术含量在当前的植物仿生公共艺术中占据领先地位。但考虑到该计划未来的规模，也许有一些需要关注的地方。一方面，计划方计划设立独立单一树体、三个单一体组成六边形结构树体以及由大批人造树编织成城市树群，最终的计划是让人造树组成的网络覆盖波士顿城区。这样的场景富于科技感和未来感，但不可避免地，会带来高昂的成本。即使单株成本会随着大批量生产而下降，但要在经济不发达的城市（它们可能对此有着更大的需求）普及仍然有很大的难度。另一方面是碳捕捉技术。事实上，现在在工业领域，从排放废气中捕捉碳是一项很成熟的技术。真正的难题在于如何处理捕捉到的碳，不论是采用深埋还是其他办法，都代价不菲，而且有气体逃逸的风险（见图 4-38 ~ 图 4-40）。

图 4-38 《人造树》效果图

图 4-39 《人造树》夜间效果

图 4-40 《人造树》利用游人嬉戏获取能源的想象图

辨——技术与美学层面
还需深入思考

小　结

　　总体来看，《太阳花》等新一代植物仿生公共艺术能够实现将太阳能采集的电能除自用外输入电网，就是依赖智能电网技术的突破。同样，大多数植物仿生公共艺术在夜景照明中能够实现低能耗，也离不开 LED 光源的普及。新一代技术与设计思想的日益成熟，使得无论是基础设施供应商还是艺术家个人，都能比较恰当地处理植物形态、功能、工艺之间的平衡，使作品有更大的几率付诸实施，这也是后期训练中需要加以注意的。

章 | 测 | 试

一、单选题

　　1. 植物仿生公共艺术建设趋势中，"真"是指_____上越发逼真，进一步融入都市环境。

　　A. 形态　　　　　　　　B. 结构　　　　　　　　C. 特征

　　2. 在韩国首都首尔，结合科技与生态，落成了全新的_____。

　　A.《凤凰花》　　　　　B.《空气质量数字地图》　　C.《信号灯树》

　　3. 秉持"新奇、创意和环保"理念的非营利城市规划组织"_____"在城市艺术营建方面颇为活跃。

　　A. 重塑波士顿　　　　　B. 重塑多伦多　　　　　C. 重塑纽约

　　4. 碱性树脂装满二氧化碳并和水反应后，会以碳酸化合物的形式储存起来。这一流程利用了_____。

　　A. 生物发电技术　　　　B. 碳捕捉技术　　　　　C. 压感发电技术

二、多选题

　　植物仿生公共艺术建设趋势中，"轻"指基础材料逐渐重视_____。

　　A. 轻质量　　　　　　　B. 高强度　　　　　　　C. 可回收性

三、判断题

　　1. 法国 New Wind 集团开发的公共艺术型风力涡轮发电机——风树。这种风力涡轮发电机选择成年大树的形态和相近高度。　　　　　　　　　　　　　　　　　　　（　　）

2.空气质量数字地图"The Living Light Sculpture"。这件作品本身使用了典型的动物仿生方法。　　　　　　　　　　　　　　　　　　　　　　　　　　　（　　）

3.巴黎汇流工作室马里奥·卡塞雷斯（Mario Caceres）和克里斯蒂安·堪瑙尼克（Christian Canonico）提出方案的核心是被称为"人造树"的空气净化设施。（　　）

4.奥斯汀《太阳花》一字排开是为了适应公路沿线的特殊地形。（　　）

5.法国的《风树》更确切的称呼是"树状风力涡轮机"。（　　）

四、简答题

能否从城市建设的角度，谈谈你对于现代化人造树与真正树木之间的辨证关系？

第五章

后起之秀——
植物仿生公共艺术之经典

物仿生公共艺术案例众多，这里列举了五个经典案例，从不同侧面展现这一艺术类型广阔的发展前景，为创意设计提供启迪。

第一节 | 文艺"树木"——《观念树》(Idea Tree)

《观念树》是近年来植物仿生公共艺术的代表作。作品落成于美国圣何塞 McEnery 会展中心。作为一件永久性互动公共艺术作品，《观念树》坐落于两个公共空间——凯撒查韦斯广场和瓜达卢佩河公园之间。由于所在地人流密集，因此作品在互动上下了很大功夫，体现出植物仿生与声光电互动两种公共艺术日渐统一的趋势（见图 5-1）。

《观念树》并没有以某种特定的树为原型，而是进行了大幅度的艺术化处理。"树冠"抽象为直径 40 英尺（12 米左右）的圆弧，限定了空间，大量"树叶"点缀其上，营造出微妙的光影变化（见图 5-2 和图 5-3）。

图 5-1 《观念树》所在基地

图 5-2 《观念树》"树冠"呈弧形

先看生态属性。《观念树》的材料力求做到生态和坚固并重。"树叶"的材料是半透明的聚碳酸酯板。这是一种无味无毒材料，具有较强的刚性保持力和尺寸稳定性、同时具有抗冲击性和生理惰性，适宜与食品接触，不会对人体及环境造成污染。这种材料不仅极为符合环保的严格要求，而且符合永久性公共艺术品坚固耐用、可维护性高的要求。

再看视觉美感。视觉美感突出是《观念树》作为植物仿生公共艺术作品的关键与核心。由植物仿生公共艺术的发展可以发现，形式感与功能往往是存在矛盾的。过于看重形式感，承载的功能就会减少；过于重视功能，在成本一定的情况下，又会影响形式感。《凤凰之花》为了形式感而放弃了大多数主要功能，仅能遮阳和乘坐休息。以以色列《电子树》为代表的大多数类植物仿生公共艺术又为了功能和量产而放弃了形式感。因此一部分艺术家开始另辟蹊径，力求通过形式创新来兼顾形式感、功能和可维护性，那就是将视觉单元与功能单元分置。《观念树》通过作品附近一个两米多高的"种子"（也可理解为"果实"）形式的曲线雕塑来提升作品的互动性和生态属性（见图5-4）。作品本身可与人互动，通过感知周边人群的存在来召唤人们来到身边，录下自己的声音，并通过"树冠"中的扬声器播放（见图5-5和图5-6）。系统本身还会根据算法进行一定的过滤和挑选，从而实现场地文脉的传承。作品需要的能量也可以通过太阳能发电获取。

图 5-3　作品留下微妙的光影变化

图 5-4　《观念树》与旁边功能性的"种子"

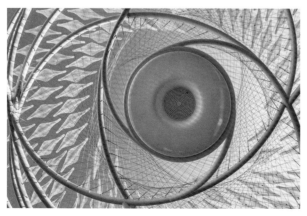

图 5-5　"树冠"中的扬声器

图 5-6　扬声器与人形成良好的互动

通过将视觉单元和功能单元分置，作品在很大程度上实现了其他植物仿生公共艺术难以实现的优美曲线感，而不会被硕大方正的太阳能电池板影响。其实这一做法并不是《观念树》的创举。早在 2007 年完成的《CO2LED》中，考虑到"芦苇"的脆弱形象，设计师就曾将太阳能电池板安置于场地角落，两者分置保证了作品的视觉效果与生态属性。反过来，美国曼哈顿布鲁克菲尔德广场（Brookfield Plaza）冬景花园的中庭，以色彩与光线作为未来希望的象征，打造了一场名为"发光体"（Luminaries）的公共交互冷光展。作品的主体是多排内置 LED 灯的正方体布面灯笼，悬挂在宽敞的中庭上空，光线的颜色、亮度等因素随昼夜变化而变化。这种壮观的视觉效果本身并不鲜见，难得的是，作品以一种复杂的方式与公众互动。参观者可以通过触摸白色的人造石"Wishing Stations"与装置进行互动，这块"石头"能响应参与者的触摸，并将信号传送至 650 盏闪烁的灯笼处，最后将触摸信号转化成条纹状的灯光与色彩显示出来。而录下语音的做法，也在法国艺术家梅泰等人的作品中广泛使用过。但是将这些新元素、新创意融会贯通，并加以运用，则是《观念树》的创举。

第二节 优美"树木"——《彭布洛克派恩斯展厅》（Pembroke Pines Pavillion）

在众多植物仿生公共艺术作品竞相融入太阳能发电、声光电互动等新元素，力求时尚的同时，也有一派坚持"形式至上"的创作行为。位于美国佛罗里达州彭布洛克派恩斯（Pembroke Pines）的《彭布洛克派恩斯展厅》就是这样一件作品（见图 5-7）。

《彭布洛克派恩斯展厅》由建筑师、设计师及爱好者组成的组织 Brooks+Scarpa 设计建造。

作品由四根不同粗细的黄色茎干组成，茎干逐渐过渡成顶部的叶片。叶片呈凹陷状，曲度不一。叶片上开有大量圆形半开口的洞，在地面形成微妙的光影变化。结合作者的意图，可以认为作品的原型是热带常见的椰子树。虽然作品对原型做了较大程度的抽象变形，

图 5-7　《彭布洛克派恩斯展厅》屹立在硬铺装的广场上

图 5-8　作品重点在于优美的形式

图 5-9　作品有良好的透光性

而且呈现出少见的鲜亮黄色，但它其实比大多数集成太阳能发电的植物仿生公共艺术作品更像树。作品在外形设计上下了大功夫，四面巨大的黄色"树冠"高低错落，符合黄金分割率、对称、均衡等形式美法则；表面上的大量开孔显然经过精心设计，丰富了表面肌理（见图 5-8 和图 5-9）。

　　作品在功能上并未强求。它集成了部分座椅，也能提供遮阳功能。第一眼看上去，凹陷的叶片可以实现雨水采集，但实际上作品的茎干由钢管组合而成，再加上叶片上的洞，因此采集效率较低。总体来看，作品更重形式，在写实和抽象之间求得了很好的平衡，走出了植物仿生公共艺术的一条新路。而且这种高度抽象的植物仿生公共艺术，实际上和所在广场以硬铺装为主的特点非常契合。

当然，这并不意味着作者完全忽视现实。首先，展亭在用料上采用兼顾可维护性和使用寿命的不锈钢。其次，在喷漆上采用了防止留下划痕和涂鸦的油漆。成本可控，全寿命期内的成本更低。《彭布洛克派恩斯展厅》这一类作品不强求太阳能发电，而是在形态设计上反复摸索，毕竟回归树木的遮阳功能和传统雕塑艺术的视觉焦点功能，也不失为一个新思路。

第三节　原生态"树木"——《三胞树》(Treeplets)

落成于中国澳门的《三胞树》是"石头说话——澳门建筑的前世今生"展览（MAP）的主要展亭（见图5-10）。作品设计为一个临时性的竹亭结构，以三胞树为灵感。作品的主要特点是尺度大，这与周边公园的尺度高度契合，也与周边乔木尺度接近。

在材料上，作者使用了不多见的竹子为基本材料。这是一种原生态材料，价格低廉、易得、易于成型，而且自重轻，结合上大下小的特殊结构，都不需要基础，就能凭借自重立在地面上，还具有安全性，进一步突出了生态属性（见图5-11）。

图 5-10　《三胞树》远景图

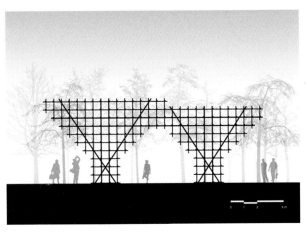

图 5-11　《三胞树》立面图

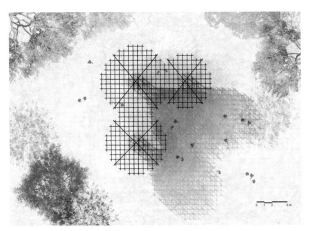

图 5-12　《三胞树》平面图，三棵树不同的尺度清晰可见

　　作品的原型是三胞树，在自然界比较少见，但是在这一设计中却具有提升稳定性、增大遮阳面积等优点。更体现设计匠心的是三株"树木"并不一样大。考虑到地域纬度，处于阳光照射角的"树木"，其"树冠"最大，其他两株相对较小，这样节省用料，效率更高（见图 5-12）。

　　《三胞树》虽然由欧美艺术家设计，但在功能和用材上都体现了东方特点，也为中国植物仿生公共艺术探出了一条简单、传统、优美、实用的新路（见图 5-13 和图 5-14）。

图 5-14　《三胞树》细部竹子的绑扎结构

图 5-13　《三胞树》有很好的夜间效果

第四节 | 小型"叶子"——《隐形路灯》

韩国设计师 Jongoh Lee 设计了一种独特的"隐形路灯",他将路灯的设计融入树叶当中,白天路灯可以像树叶一样进行光合作用,并将太阳能转换为电能储存起来,晚上就作为照明使用(见图 5-15 和图 5-16)。每片叶子朝向天空的一面都有一块太阳能电池板,而背面(即朝向路面的一面)则安装有 LED。

图 5-15 《隐形路灯》昼间效果

图 5-16 《隐形路灯》夜间效果

这一设计的特色之处在于其安装方式是隐形的。柔性的结构可以很方便地缠绕在树枝上，与树木浑然一体（见图 5-17～图 5-19）。这也是设计师的初衷，即让街灯自然融入树中，符合生态城市的建设理念。但目前这一设计还处于概念阶段，尚未有城市付诸实施。应该说目前在树上缠绕照明灯是很常见的做法，但如果希望它们能够代替街灯来照明，恐怕还会遇到照明亮度不足、夏天枝叶遮挡以及维护困难等问题。由此可见，制约植物仿生公共艺术普及的主要因素还是安全性和可维护性。尺度太小的作品很难承载过于复杂的功能，也不会有太多重量和空间用于加强强度，因此在竞争中处于"先天不利"的局面。但不论如何，这是一种可贵的尝试，在今后还会有普及的机会。

图 5-17 《隐形路灯》设计图 1

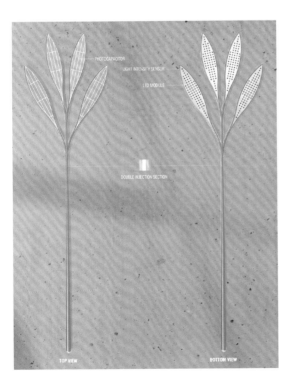

图 5-18 《隐形路灯》设计图 2

图 5-19 《隐形路灯》想象图

第五节　巨型"树木"——新加坡《超级树》

近年来，去新加坡旅游的人们都会发现，在著名的金沙酒店旁边，耸立起一组崭新的《超级树》（见图5-20）。

这是一组由18棵仿真巨型"树木"组成的"树林"。单一的"树木"高度在25～50米不等，算得上是植物仿生领域的"巨无霸"（见图5-21）。严格说来，它们超越了单纯的公共艺术作品范畴，上升到建筑、景观和设施的层面。在生物领域，尺度的悬殊是常见的现象。自然进化的选择锤炼出巨型生物或微型生物，从蓝鲸到水熊虫概不例外。在植物仿生领域，小型作品（如《隐形路灯》能降低成本，更好地融入环境，但也有不防风和易于损坏的不足；大型作品（如数十米高的《超级树》）虽然离真实树木的尺度相距甚远，而且成本高昂，但从设计视角看，尺度越大，承载的功能就越复杂，在特定国情下，不失为植物仿生公共艺术建设的优化途径。

图5-20　《超级树》与金沙酒店相距不远

图5-21　《超级树》的"树木"高低错落，组成一组"树林"

在生态旅游方面，新加坡国土面积狭小，在尽可能少的土地上种植尽可能多种类和数量的树木，就不仅是一种选择，而且在很大程度上还是一种需求，为其所付出的成本，在新加坡看来都是值得的。尽管"垂直绿化"的概念已经并不新鲜，欧洲多座城市都已有在建筑表面进行绿化的丰富经验，但是《超级树》如此规模的实践还是第一次。《超级树》表面的种植面板上种植了200余种，16.29万株攀缘植物和附生植物等，主要来自巴拿马、巴西、哥斯达黎加等热带美洲国家（见图5-22）。在地面处有巨大的温室可集中种植植物（见图5-23）。游客可以通过步道，穿行于这座人造树林中间（见图5-24），可以进入温室，并可在"树冠"处的餐厅用餐。独特的体验对促进当地旅游来说功不可没。

图 5-22　《超级树》表面布满种植面板

图 5-23　《超级树》与温室结合

图 5-24　游人可沿步道游览

在生态保护方面,《超级树》可以利用传统的太阳能光伏板发电供自身照明,每到夜间会呈现一场经过精心设计的灯光秀,丰富了城市夜景(见图 5-25 和图 5-26)。除此之外,《超级树》还集成了雨水采集系统,经过处理循环后作为园区主要灌溉用水。这对新加坡这样一个淡水资源匮乏的城市国家来说,意义尤为重要。新加坡的淡水要从马来西亚输入,因此,建造这样巨型的雨水采集装置来利用丰沛的雨水资源实属必要。

图 5-25 《超级树》的夜间效果

图 5-26 借助清洁能源的夜间效果更具意义

图 5-27 《超级树》与园区整体结合

总体来看,《超级树》在尺度规模上和功能承载上都是植物仿生公共艺术的典范,但这种思路也不见得适合所有国家和地区。新加坡国情特殊,它地域狭小、人口密集,但资金充裕,技术基础也很发达,就算引进海外技术,本国也有足够的能力吸收、消化和维护。可以说,《超级树》打破或者模糊了建筑、景观和艺术之间的界限,在生态保护和促进旅游方面都产生了显著的效益(见图 5-27)。

小　　结

　　本章介绍的经典案例提醒我们，植物仿生公共艺术并不存在"放之四海而皆准"的标准，也不是单纯依靠技术取胜的，其立项、论证和设计建造切不可盲目跟风，一定要立足国情，从实际出发，尽可能通过设计创新来化解矛盾，节省资源，以获得公众认同。

章│测│试

1. 你对形式和技术在未来植物仿生公共艺术发展中的比重如何看待？
2. 你觉得新加坡《超级树》对于中国有多大的借鉴意义？请说明理由。

第六章

同途殊归——
类植物仿生公共艺术

搜索植物仿生公共艺术时，我们可以或多或少地发现一类与它们形式很接近，但又有一些不同的作品。借助生物学领域的概念，可以将其称为类植物仿生公共艺术。相比于艺术性较强的植物仿生公共艺术作品，它们更接近于传统的基础设施，在设计和用途上有共性也有个性，需要单列一章加以论述。

第一节　类植物仿生公共艺术与植物仿生公共艺术的区别

对于如何区分类植物仿生公共艺术和植物仿生公共艺术，目前并没有统一的观点。在目前植物仿生公共艺术还是一个领先的领域，其概念并没有得到统一的情况下，可以简单地归纳出这样两点。

首先，几乎所有的类植物仿生公共艺术在造型上都更为简略，比植物仿生公共艺术看上去逼真度更低。许多结构的处理显然在成本和艺术效果上更偏向前者，如《电子树》和《托举》用方正的太阳能电池板直接代替树叶，《能源树》用桁架结构代替封闭、写实的树干等。

其次，类植物仿生公共艺术在服务上更趋向多样化，即使在尺度上、形式上更偏离艺术创作和真正的植物形态也在所不惜，如《太阳能森林》和《莲花充电站》都将服务于电动汽车充电作为主要功能。而对于与人互动的重视程度低于植物仿生公共艺术（见图 6-1）。然而无论何时，人总是审美和欣赏艺术的主体。因此，说类植物仿生公共艺术与艺术作品离得更远也不为过。

类植物仿生公共艺术可分为均衡型、功能型和地域型三类。

图 6-1　偏重于功能的停车场太阳能装置

第二节

均衡型类植物仿生公共艺术案例解析

本节介绍三个具有代表性的均衡型类植物仿生公共艺术案例，这三个案例体现了不同形式、不同发展阶段的均衡，以帮助读者全面了解这种介于艺术与设施之间的新事物。

案例1：英国布里斯托《能源树》

"欧洲绿色之都"是从2010年开始的一项评选，每年在欧洲内部评选出一个最为环保、生态、绿色、适合人类生存生活的城市。布里斯托是2015年"欧洲绿色之都"，也是迄今为止唯一一座入选的英国城市。布里斯托能够入选，得益于常年对环境的保护，以及借助自身科技实力发展清洁能源、智能出行等绿色生活方式。2015年落成的《能源树》（The Energy Tree）就是这一努力的典型代表（见图6-2）。

《能源树》的作者是艺术家约翰·帕克（John Packer），但作品本身则是布里斯托绿色资本合作伙伴关系的产物。这是一个由企业和社区合作建设的绿色项目，旨在为城市居民提供高品质生活。2012年，该项目团队在布里灵顿建设了原型《太阳能树》，广受人们欢迎。两者形态基本相同，只不过《太阳能树》落成于野外环境，尺度更小，适合人们攀登互动。考虑到所处的环境，吸收太阳能获取的能量主要用于灌溉泵，也就是说，能源和食物在野外环境下自给自足（见图6-3）。

图6-2 布里斯托清洁能源的象征——《能源树》

图 6-3 早期的《能源树》位于野外，功能也有所不同

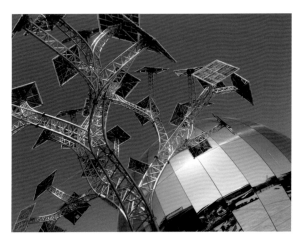

图 6-4 《能源树》的"树干"为桁架状

图 6-5 《能源树》的"叶片"直接采用太阳能电池板

布里斯托《能源树》的尺度不大，模仿的形态也比较普通。"树干"采用了相对简陋的桁架结构（见图 6-4），这比较少见，从原型《太阳能树》的情况看，这种枝干能供人攀爬。从形态上看，《能源树》偏离真实树木较远，与法国《风树》的美感相比有较大差距，这也是将其归入类植物仿生公共艺术的原因。

尽管如此，《能源树》仍然有许多自身的优势。首先是成本控制和对循环材料的使用。桁架顶端的太阳能电池板（见图 6-5）都来自于破损电池板的回收再利用，有效降低成本，同时免去了这些电池板拆解中可能会造成的污染。这些电池板虽然有轻微破损，但不影响能量转化，每块都可以发出 1 千瓦电能。另外，《能源树》比《风树》等集成了更多新功能。《风树》《太阳花》等作品只能吸收太阳能，并通过智能电网传输走；《能源树》比较有亲和力，更注重满足智能手机充电和免费 Wi-Fi 使用等功能。而这两点都是当前都市人群最大的日常需求之一。与《太阳能树》相比，《能源树》显然根据环境不同更换了主要的功能。

当人们看到《能源树》时，会注意到旁边耸立的大型不锈钢球体，这一球体是《能源树》的资助者之一——At-Bristol 的天文馆（见图 6-6）。馆内用多媒体手段呈现出星系和星座的形成过程，其科幻的外形与《能源树》相得益彰（见图 6-7）。

总体而言，《能源树》在尺度上比较适中（见图 6-8），成本控制较好，智能手机充电和免费Wi-Fi 等功能符合现代都市特征，特别受年轻人喜爱。作品在原始设计上的不足之处也尽可能通过其他手段得到了弥补，如方形太阳能电池板都是刚性安装在桁架顶端，成本低廉，易于维护。这些太阳能电池板不能根据太阳运动轨迹调整，以达到能源转换的最佳效率，但是由于数量较多，且朝向各个角度，因此也能弥补结构上的劣势（见图 6-9）。

图 6-6　At-Bristol 的天文馆

图 6-7　At-Bristol 在布里斯托扮演着重要的科普作用

图 6-8　《能源树》与所在广场的总体关系

图 6-9　《能源树》位于广场的花坛中

图 6-10 《电子树》适合植被相对稀疏的环境

案例 2：以色列《电子树》(e-Trees)

　　每一件植物仿生公共艺术作品的诞生都有其经济、地理背景。相比于单纯重视互动和环境保护，象征意义大于实际价值的《能源树》，《电子树》则瞄准了遮阳、干净饮水提供等沙漠酷热环境急需的功能（见图 6-10 和图 6-11），同时兼具充电和免费 Wi-Fi 等信息社会必备的功能（见图 6-12），体现出初始设计中对环境因素的考虑。

图 6-11　在该角度，《电子树》的饮水器清晰可见

图 6-12　《电子树》可免费提供 Wi-Fi 功能

图 6-13 《电子树》造型相对简单，直接用
太阳能电池板作为"树叶"

　　《电子树》的设计主要由以色列艺术家 Yoav Ben-Dov 负责，其基础设计朴实无华，圆筒状的树干尽可能模仿真实树木，但直线较多，逼真度较低。这样设计的好处是可以直接利用钢管制造，价格低廉。顶部是正方形的太阳能电池板，面积较大，既提高了吸收太阳能的效率，又提供了遮阳功能，在中东沙漠格外重要（见图 6-13）。每一个这样的电池板每小时能产生 1400 瓦的电能，可以为内部集成的设备提供充足的电力。同时，为了使人们更好地停留，底部集成了混凝土基座与钢化玻璃结构的座椅，大概能提供 6 ~ 7 人休息（见图 6-14 和图 6-15）。座椅结构与枝干的结合略显生硬，降低了仿生感，但功能性确实提高了。

图 6-14 《电子树》不同视角，可见座椅和电子设备混凝土箱

图 6-15 《电子树》另一视角

事实上，与相同环境下的植物仿生公共艺术作品不同，《电子树》从一开始就瞄准大规模普及，致力于用商业化运作的方式推广。其设计上的简略和设备的集成都体现了这一特点。为了更便于推广，公司设计了三种规格，形式基本相同，不同之处在于"叶片"数量不一致（见图 6-16）。太阳能电池板的增减，可以使其尺寸、成本、自重、维护难度等有所不同，以适应不同的环境和用户需求。拉兹利希望这一创意不仅可以作为一种产品，还可以作为

图 6-16 只有两个"叶片"的简化版《电子树》

一种思想加以分享："在屋顶上安装太阳能面板，只有一小部分人可以使用。我想把这种生态上重要的思维方式分享给更多的人。"

《电子树》已经超越了传统太阳能发电设施的意义，而是更深地介入人类的社会生活中去。拉兹利曾设想建立"全球电子树社区"，即在电子树上进一步集成内置摄像头和显示器，借助互联网使世界各地坐在《电子树》下的人们能够自由交流信息与看法，这将是对社交媒体的一次革命性突破，但其前景并不明朗。以往的经验证明，类似设施一旦被赋予超越其自身技术和社会角色局限的任务，失败就为期不远。

《电子树》对大规模推广后的安全问题也作了比较周全的考虑。许多设计卓越的工业产品都失败于难以维护或零配件缺失，即遭遇"消失性货源"。在这方面，《电子树》具有较大优势。它结构简单，没有太多能动部件。主要的维护工作就是每 4～5 个月清洁一次太阳能电池板。主要的控制部件位于根部的混凝土箱中，上锁即可保护内部机件。低压直流的工作机制也提高了安全性。

总体来看，目前《电子树》至少在以色列范围内具有大规模普及的可能，对成本、量产效率都有比较好的把控，在情怀和现实之间的平衡也比较理想。不过这种类植物仿生公共艺术设计起源于沙漠干旱环境，又依托于以色列发达的信息基础设施，是否能在世界范围内普及？答案恐怕并不明朗（见图 6-17 ～图 6-19）。

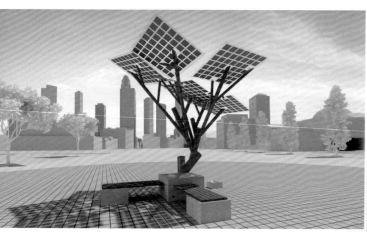

图 6-17 《电子树》的模型

图 6-19 《电子树》在以色列范围内普及

图 6-18 《电子树》模型的夜间照明效果

案例 3：伦敦《太阳能树》(Solar Tree)

英国近年来引领着世界范围内公共艺术发展的大潮，涌现出威尔逊、西斯维克等一批具有国际影响力的艺术大师，在以公共艺术建设促进城市转型和经济发展方面取得了不菲的成绩，但是在以太阳能发电为主的类植物仿生公共艺术方面并不突出，《太阳能树》(见图 6-20）是为数不多的成功案例之一。失败的原因有很多，英国本土光照不足应当是其中一个不可忽视的自然原因。

尽管有制约因素，但是在发展类植物仿生公共艺术方面，英国伦敦旅游局仍然走在前列。人们沿着惠灵顿大街前行，会发现一棵样貌多少有些奇特的"大树"。在 23 英尺的剪影形"大树"上，集成了 27 块太阳能电池板，底部有圆形基座，可以随着太阳轨迹有限转动（见图 6-21）。

作品在促进节能减排方面的效果明显。27 块太阳能电池板每年可产生约 10000 千瓦时的绿色电力。由于旅游局欢迎中心本身并不需要这么多电能，因此多余的电力被出售给电力公司，从而换取项目的建设和维护经费。如伦敦旅游局强调的"没有花费纳税人一分钱"，善于灵活筹措资金，是英国公共艺术发展中值得注意的一点。

严格来说，《太阳能树》的作品植物仿生意义有限。它更接近二维剪影作品，而二维剪影作品的特点就是观赏角度受限制，需要结合环境设计或布置地点来弥补，这为《太阳能树》的普及提出了难题。虽然关于其形式本身，人们会有见仁见智的不同见解，不过大量太阳能电池板紧密排列于同一平面内，可能会有过于密集之嫌（见图 6-22）。

伦敦旅游局也重视作品在环境保护方面的象征意义。作品落成后每年可以减少 10 吨碳排放量。制造厂商也极力通过工艺革新降低维护成本，通过完整的预装配技术，安装好全部电气工程，使作品达到"即插即用"的程度，降低用户成本和使用难度。

此外，作品的社会意义也不容小觑。巨大的尺度使其成为伦敦地标之一，可有效促进旅游产业的发展。作品实际发电和减少的碳排放量尽管有限，但表明了城市绿色发展的决心，能够起到很大的引领作用，甚至可以带动私营企业资金，促进环保技术进步，为城市经济发展作出贡献。

图 6-20　伦敦《太阳能树》

图 6-21　《太阳能树》尺度较大

图 6-22　《太阳能树》的太阳能板细节

第三节 功能型类植物仿生公共艺术案例解析

与均衡型类植物仿生公共艺术相比，部分作品更接近传统意义上的工业设计产品，此类作品可称为功能型类植物仿生公共艺术作品。

案例 1：《太阳能森林》(Solar Forest)

电动汽车是近年来改变出行方式、能源供给和使用方式的交通工具之一，说其已经深刻影响社会、经济、文化发展也不为过。相对于以汽油、柴油为能量来源的内燃机车，电动汽车通过电池—电流—电力调节器—电机的工作机制驱动车辆，减少了车辆的有害气体排放，被认为是体现低碳和绿色特点的交通工具，在多个国家得到大力发展。

然而，电动汽车并不十全十美。从生态角度看，电动汽车依然需要使用电能，如果电能来自核电等清洁能源会更理想，但如果电能来自燃煤等能源供给方式，同样会产生严重污染。在电池方面，铅酸电池在生产中污染严重，会造成周边居民血铅超标。而使用锂电池等技术含量较高的电池又会造成对稀有元素的依赖，而且回收困难。此外，电动汽车也会存在细微颗粒排放的问题。电动汽车大扭矩的特点还会造成橡胶轮胎磨损，污染空气。

尽管在生态方面面临这样多的问题，但是包括纯电动汽车、混合动力汽车等类型在内的电动汽车还是得到了迅猛发展。目前制约电动汽车普及的最大因素是基础设施的不足，特别是电动汽车对充电的需求。如何解决这一难题？便于融入都市环境的类植物仿生公共艺术可以"大展身手"。这正是近年来一系列以为电动汽车充电为目的的类植物仿生公共艺术不断涌现的原因。

这一时期出现的类植物仿生公共艺术作品在尺度和形态上存在巨大差别，但在通过太阳能为电动汽车充电这一点上是一致的。在大尺度作品中具有代表性的，为内维尔·玛斯（Neville Mars）设计的《太阳能森林》（见图 6-23）。顾名思义，这一方案摆脱了单棵或一组植物仿生"树木"的思路桎梏，大胆借鉴自然森林的生态机制，设计了大量高低错落的人造"树木"，结合形状不规则的大面积光伏"树叶"，形成一片人造"森林"（见图6-24），每一株"枝干"下都有插座，可以为电动汽车充电（见图6-25）。

图6-23　《太阳能森林》的效果图

图6-24　《太阳能森林》中"树木茎干"的曲度不一

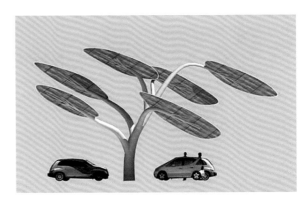

图6-25　《太阳能森林》中的单一"树木"

相比于《电子树》等设计方案，《太阳能森林》更接近真实树木或森林，但也因此招致批评，如有人指出大量光伏"树叶"之间存在严重的互相遮挡现象，这会造成浪费（见图6-26）。但作者认为，只有相互错落甚至遮挡，才符合真实树木和森林的形态（见图6-27），而且作者设计了"树叶"可以根据太阳轨迹转动的机制来解决这一问题。从另一个角度来说，互相遮挡的光伏"树叶"提升了遮阳效果，使沥青地面上的停车场变得凉快，不但提升了人体舒适程度，而且降低了车内温度（见图6-28）。

图6-26　《太阳能森林》的采光效果会受到"叶片"相互遮挡的影响

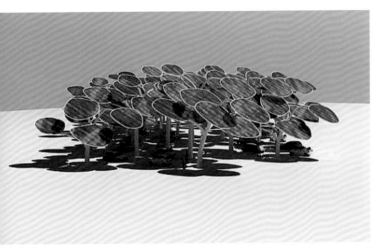

图 6-28 单一"树木"更多考虑到电动
汽车的尺度关系

图 6-27 《太阳能森林》全景模型

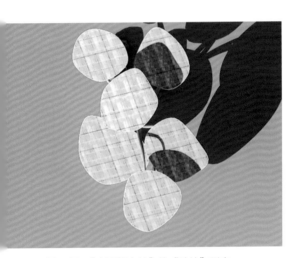

图 6-29 《太阳能森林》的"叶片"形态
各异，为施工和维护带来困难

当然，《太阳能森林》也存在不足之处。为了接近真实森林形态，《太阳能森林》中几乎每一株"树木"都不完全一样，甚至每株"树木"上的每片光伏"树叶"在轮廓和尺寸上都不一致，难以形成规模优势，这会造成量产上的高成本，而且在维护和配件更换上都会有比较大的问题。从艺术创作和工业生产的双重规律看，要么作品仅此一件，按照艺术创作的规律以手工为主打造；要么形成品牌，签下大量订单，保证流水线生产和长时间运行，从而降低成本和确保零配件供应。但这可能只是一个美好的愿景（见图 6-29）。

如果从长远的角度看，《太阳能森林》的不足之处还不止于此。过于贴合当前需求的设计很可能会无法适应潮流的更迭，从而在短期内被淘汰。

总体来看，《太阳能森林》的功能符合时代需求，形态设计丰富优美，技术上目前也没有太多制约推广的因素。但如同硬币的正反面，制约其由效果图走入现实的因素正来自其优点。这也正反映了适应新需求、新业态的类植物仿生公共艺术在创新上面临的矛盾与窘境。如果能够克服这些困难，《太阳能森林》会在将来的某一天成功推广，为低碳作出贡献。

案例 2：《莲花充电站》（Lotus）

与《太阳能森林》相比，由意大利设计师吉安卡洛·扎玛（Giancarlo Zema）领衔设计的《莲花充电站》（见图 6-30 和图 6-31）目前已经制造出了成品，而且看起来有着更好的推广前景。

图 6-30　《莲花充电站》

图 6-31　《莲花充电站》不同视角

吉安卡洛·扎玛是近年来设计领域崛起的新锐设计师，他设计理念激进，大量运用生物造型和创新科技，如《三叶虫65号》（一艘有水下"视觉"和氢燃料电池汽车的创新型生态游艇）和《水母45号》（一座有水下"视觉"的浮动房子）。2004年，他设计了《波塞冬180号》（一艘完全用铝制造的55米游艇）。2006年，他又设计了《两栖1000号》（一座带浮动套房的半潜式酒店度假村）。从2009年开始，他运用植物形态，设计出了令人印象深刻的《海葵扶手椅》（见图6-32）和《沙漠之花》。这一系列创造成果甚至令生态学家感到惊讶，体现出了跨学科艺术设计创造的新成就。

图 6-32　有机的海葵座椅

虽然《莲花充电站》只是吉安卡洛·扎玛创作中很小的一部分，但是其设计上的一系列成功之处值得细细品味，如功能与形式的结合。由于吉安卡洛在借鉴生物形态方面有比较深的造诣和前期研究，因此《莲花充电站》借鉴睡莲的基础形状，形式优美，而且有多种形式以满足不同需求。换句话说，《莲花充电站》是一个根据模块化思路设计的系统，设计有各种颜色（见图6-33）和尺寸。最小的为单叶设计（见图6-34），集成了太阳能电池板、信息显示屏（见图6-35）、电动车充电站（见图6-36）和座椅等。单叶结构组合摆放，可以形成双叶、三叶或四叶组合（见图6-37），也可选择带有光伏电池板的19平方米"大叶"简化结构。小"叶片"可以产生500瓦的电力，较大的"叶片"能够产生2.8千瓦的电力，足以满足多辆汽车的能源需求。光源和座椅也能满足现代都市环境中人们的普遍需求。

图 6-33　《莲花充电站》有
多种颜色可供选择

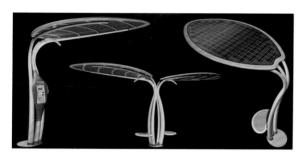

图 6-34　单个《莲花充电站》的不同视角

图 6-36　《莲花充电站》正在为车辆充电

图 6-35　《莲花充电站》里用于控制电量、获取信息的触摸屏

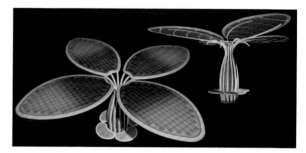

图 6-37　双叶、四叶《莲花充电站》

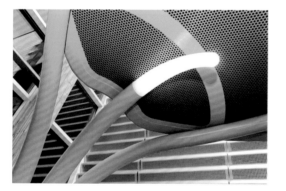

图 6-38　《莲花充电站》原型顶部的 LED 灯

　　《莲花充电站》在形式、成本上取得了较理想的平衡。作者比较准确地借鉴了植物的曲线造型，使作品高度接近真实植物形态。无论是"叶片"的轮廓和曲面，还是"茎干"的弧线，甚至是"茎干"端部的 LED 灯（见图 6-38），都符合植物仿生公共艺术的理想状态，不容易引起人们的抵触心理。

　　虽然意大利工业以小型家族企业甚至作坊为主，善于手工打造少量但高品质的产品，如兰博基尼跑车，但是《莲花充电站》在实现优美造型的同时考虑到了大规模量产的工艺性。如富于曲面的"叶片"虽然形式优美，但曲面弧度一致，在不借助 3D 打印技术的情况下，可以使用同样的模具生产；"枝干"则是利用折弯机折弯的成型管材，长度和弧度都很接近，只是利用不同的组合方式来改变造型。这样的设计不但生产简便，而且维护成本低，体现当今公共艺术技术含量日益提升，但制造成本不断降低的趋势。

　　虽然目前《莲花充电站》还没有大规模普及，但其成品已经在展会上获得广泛好评（见图 6-39）。由于它不但能给电动车充电（见图 6-40）、为汽车遮阳（见图 6-41），还能提供休息座椅，因此就算电动车充电需求下降，它依然能够"生存"（见图 6-42）。

图 6-39　展会中的《莲花充电站》

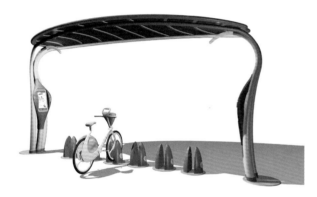

图 6-40　《莲花充电站》可以服务于电动自行车

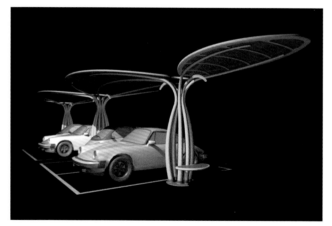

图 6-41　《莲花充电站》的主要功能之一是为汽车遮阳

图 6-42　实地落成的《莲花充电站》

案例3：《智能花》(Smartflower)

随着技术的进步，光伏太阳能电池板已经在世界范围内广泛普及，甚至进入寻常家庭，用于热水或照明。在部分地区，住宅屋顶的光伏太阳能电池板还可接入智能电网系统，将自家用电低谷时富余的电力出售，成为家庭收入来源之一。

正是瞄准了这一庞大的市场需求，位于奥地利的智能花（Smartflower）公司推出了同名太阳能电池装置——《智能花》（见图6-43）。《智能花》本质上更接近传统的设施而不是艺术作品。从形态上看，它模仿了自然花朵的形状（见图6-44和图6-45），所有花瓣形状的太阳能电池板（总面积18平方米，见图6-46）可以通过中间的电动机收折起来，从而在夜晚和大风期间免遭破坏（见图6-47）。《智能花》的亮点在于两轴跟踪器，它可以在垂直和水平两个方向跟踪太阳的轨迹，始终保持太阳能吸收效率的最大化。它比传统平面形式的屋顶太阳能电池板更早开始工作，更晚结束工作，更有效利用光源。此外，其电池板经常保持竖立状态，这样风可以冷却电池板背面。温度越低，电池板的效率越高。其效率比传统太阳能电池板高40%。

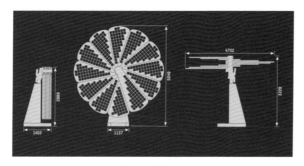

图6-43 《智能花》的三视设计图

图6-45 《智能花》的造型富有浪漫色彩

图6-44 展开的《智能花》

图6-46 《智能花》的太阳能电池板细节

尽管《智能花》已经得到了较大范围内的推广，市场化率高于同时代的许多类植物仿生公共艺术作品，但奥地利母公司还是破产了，因为《智能花》在市场上始终处于边缘位置。但是北美分公司却保持着比较好的势头，依托较大的北美市场持续生产，甚至开始出口。这与北美大部分地区光照充足、太阳能市场化率高，以及政策有优惠等有关（见图 6-48）。

基于北美的自然、金融与政策环境，人们详细分析了将《智能花》作为家用太阳能电池板的利弊。其优势是可以更精确地追踪太阳，更高效地发电；像家具一样，可以随着房主的搬迁而搬走，而不是像传统屋顶太阳能电池板一样无法迁移（见图 6-49 ~ 图 6-51）。但反过来，它的弊端也不少。首先是从长远来看，利用太阳能发电节省下的资金不足以弥补它的高造价（大约 22000 美元），这一造价折算到 20 年寿命期内，甚至比公用事业提供的电能还贵。其次，对于传统太阳能电池板，如果想增大用电量，只需增加太阳能电池板的数量即可；而《智能花》的发电量是相对固定的，要想增大用电量，必须购买更多的《智能花》，这会带来成本的飙升。第三，从工程的角度看，系统越复杂，出故障的几率就越高，维护就越困难。太阳能电池板本身没有活动部件，寿命很长，厂家也提供 25 年的保修期。但是《智能花》的重要部件逆变器（将低压直流电转为高压交流电的部件）只有 10 年保修期，其他构件则只有 2 年的保修期。对于要经受狂风暴雨，每天都要开合的活动部件，这将带来很多不可预测的结果（见图 6-52）。此外还有一些纯粹美学和个人喜好角度的小问题，如这种"花朵"外形偏科幻风格，但是在实际中，大多建筑，尤其是美国郊区的住宅，往往是传统的棕褐色建筑，两者会有不协调的感觉。

图 6-47 《智能花》可以在强风中或夜间合拢

图 6-48 《智能花》正在为车辆充电

图 6-49 设想《智能花》布置在水池旁的效果图

图 6-50　设想《智能花》布置在荒漠环境的效果图

图 6-51　设想《智能花》布置在草坪的效果图

图 6-52　《智能花》的展开伺服机构

　　总体来看，《智能花》最大的问题就是将自己完全置于设施的角色，与传统的太阳能电池板竞争，这样消费者只要单纯衡量费效比就会作出是否购买的决定。

　　《智能花》虽然还在推广中，但其母公司的倒闭已经证明了一点：带有艺术性的类植物仿生公共艺术必须注重艺术性和人文内涵，而不是仅从成本和产出方面与单纯的设施竞争。

案例 4：《托举》(Lift)

　　在纷繁的类植物仿生公共艺术建设大潮中，有一些案例取得了艺术和商业上的双重成功。由 Spotlight Solar 公司开发的《托举》(见图 6-53) 及同系列作品——《曲线》(Curve)、《栈桥》(Trestle)(见图 6-54 ~ 图 6-56)、《工业》(Industry)，近年来频繁出现在美国大中城市的公共场所，成为一颗耀眼的明星 (见图 6-57)。下面以落成于美国夏洛特科学博物馆的一组《托举》(见图 6-58) 为例深入了解一下此类作品。

图 6-53 奥兰多会议中心的《托举》

图 6-54 《栈桥》主要服务于户外餐饮空间

图 6-55 《栈桥》在遮盖面积更大的同时，成本也更高

图 6-56 居民区中的《栈桥》

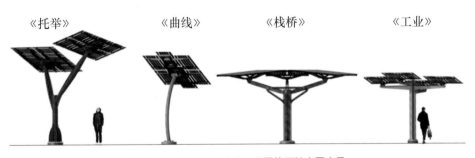

《托举》　　　《曲线》　　　《栈桥》　　　《工业》

图 6-57 Spotlight Solar 公司的四种主要产品

图 6-58　夏洛特科学博物馆屋顶的《托举》

图 6-59　橙色茎干《托举》

美国纽约州夏洛特市以其规模庞大的银行业著称，高科技制造业、医疗保健业和能源产业也是支撑夏洛特市经济的重要部门。较高的市民素质、当局的眼光、经济与科技实力，都是支持夏洛特市发展类植物仿生公共艺术，提升城市品质，优化能源供给来源的基础。Spotlight Solar 公司正是瞄准这一点，结合夏洛特市提出的旨在创造就业机会和节约能源的"能量夏洛特"计划，推出了这组名为《城市天际线》，实则由两件《托举》组合合成的作品。

这组作品位于夏洛特科学博物馆探索区的屋顶，一件喷涂橙色（见图 6-59），一件喷涂蓝色（见图 6-60）。前者被命名为"太阳树"，主要用于夏天；后者主要用于冬天。Spotlight Solar 公司将它们与博物馆的科学普及与教育功能巧妙结合起来。观众、游客和学生可以从探索区内部的触摸显示屏上了解太阳能产生的机制与效率；当蓝色的《托举》被对面的美国银行中心遮挡时，人们还能了解到太阳的角度和阴影的形成（见图 6-61）。作品落成后得到夏洛特市民的一致认可。

图 6-60　蓝色茎干《托举》

图 6-61　《托举》布置时考虑到了高层建筑的遮挡

事实上，《托举》的形式感在同时期的类植物仿生公共艺术作品中属于中等偏下水平。它只有两个"枝干"支撑着方形的太阳能电池板（见图6-62）。"枝干"本身并未弯曲，还加上加强筋来提高强度。整体造型像老式机器人一样方头方脑，远没有《莲花充电站》那样曼妙的曲线，甚至不如《电子树》复杂。但作品本身定位准确，在价格上也富有竞争力。巧妙的营销策略也为其加分不少。此外，电池板质量好，以及安装占地面积小等优点，使得《托举》快速普及。

图6-62 《托举》顶部的太阳能电池板可以转动

地域型类植物仿生公共艺术案例解析

相对于植物仿生公共艺术而言，类植物仿生公共艺术领域的进入门槛较低，而对成本、气候甚至当地收入状况比较挑剔，这就使其具有地域因素越来越重要的特点。一些有一定市场，并且得到技术和政策支持的中小国家，也能够推出本国有特色的类植物仿生公共艺术作品。《智能棕榈树》和《草莓太阳树》就是经典案例。

案例1：《智能棕榈树》

近年来，石油作为一种不可持续资源逐渐被人们关注，迪拜也开始了经济多元化的转型，其中旅游业被视为发展的重中之重。更重要的是，由于迪拜是2020年世界博览会的举办地，因此为了实现可持续发展和建设智能城市，发达的公共服务设施尤为重要。《智能棕榈树》就是在这一背景下应运而生，并迅速推广的，目前在各处旅游景点已有50余座《智能棕榈树》为人们提供服务（见图6-63和图6-64）。

图 6-63 《智能棕榈树》主要为旅游业服务

图 6-64 《智能棕榈树》与大量躺椅配套布置

《智能棕榈树》采用了热带滨海地形中棕榈树的造型（见图 6-65）。棕榈树是一种极耐寒且极耐旱的植物，也耐盐碱，生长慢，木质好，在热带植物景观中扮演着重要的角色。选择棕榈树为原型，显然体现出了作品鲜明的地域特性。

图 6-65 《智能棕榈树》在造型上模仿棕榈树

《智能棕榈树》的尺度是同一规格，高 20 英尺，形态上有很多鲜明特点。首先，作品主要布置于海滩，因此防晒成为主要功能。为了实现这一功能，《智能棕榈树》在外形上作出了较大妥协：中心支柱偏向后侧，从而保证遮阳面积最大化。但由此使作品看起来更像设施、遮阳伞，而不是植物枝干。其次，为了更好地与周边沙滩环境结合，也为了最大限度地反射阳光，作品选择白色为主基调，这也是比较偏离植物原型的设计（见图 6-66）。第三，为了更好地服务游客，一株《智能棕榈树》还配套有色彩一致的两组躺椅，共四个座位，使得作品偏离植物原型更远。

《智能棕榈树》利用顶端"叶片"上的太阳能电池板提供能源，为夜间发光的绿色二极管提供动力，也为触摸屏和智能查询系统提供能源（见图 6-67）。这也几乎是所有类植物仿生公共艺术的共性。但考虑到迪拜雄厚的资金，以及由此可以配置先进科技的能力，《智能棕榈树》的功能较为多样，具体可以归纳为以下六点：

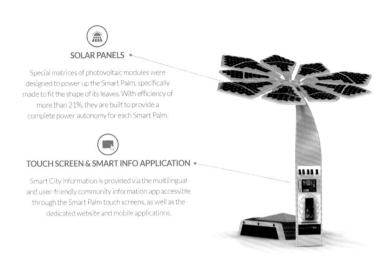

SOLAR PANELS •

Special matrices of photovoltaic modules were designed to power up the Smart Palm, specifically made to fit the shape of its leaves. With efficiency of more than 21%, they are built to provide a complete power autonomy for each Smart Palm.

TOUCH SCREEN & SMART INFO APPLICATION •

Smart City information is provided via the multilingual and user-friendly community information app accessible through the Smart Palm touch screens, as well as the dedicated website and mobile applications.

图 6-66　《智能棕榈树》设计说明图

① 无线网络接入。当访问者在附近时，可免费上网。

② 安全和应急功能。每个单元都配有 360° 红外线闭路电视摄像头，紧急按钮带有无障碍设计。

③ 太阳能电池板。每株"智能棕榈"都有专门设计的太阳能电池板，使其完全自主供电。

④ 触摸屏和智能信息应用。智能城市信息、专用网站和移动应用程序都可以访问。

⑤ 数字户外屏。每株"智能棕榈"都为公共信息、政府通知和商业广告提供空间。

⑥ 休息站和电池充电站。提供座位区，其充电点能够以普通充电速度的 2.5 倍为电子设备充电（见图 6-68）。

图 6-67　《智能棕榈树》昼夜效果对比

图 6-68　《智能棕榈树》科技感强

101

总体上看，《智能棕榈树》具有鲜明的地域特点。首先是形态上模仿热带植物；其次是功能针对沙滩滨海地区需求以及旅游业服务的特点作了优化和集成；第三是多样的功能使得每个《智能棕榈树》的造价较高，而在如此高成本的前提下还能快速普及（尽管产量提升也能降低成本），更是体现了迪拜雄厚的资金基础。但反过来看，为了满足功能需求，《智能棕榈树》在形态上偏离植物原型较远，降低了植物仿生艺术的天然美感，不能不说是一个遗憾。

案例 2：《草莓太阳树》（Strawberry Solar Tree）

《草莓太阳树》位于欧洲塞尔维亚，它是由贝尔格莱德大学的一群学生综合利用当前的成熟技术发明的。作品本身是一个标准的公共太阳能发电装置，能够给手机等移动设备充电，并且集成了 LED 照明和扬声器，可以通过无线网络连接的应用程序进行远程控制。该装置还提供了一个 Wi-Fi 热点，并记录了温度、湿度、二氧化碳和噪声水平等环境传感数据。

除了这些功能之外，《草莓太阳树》的目的还在于提高人们对能源问题的认识，突出自身的生态意义。结合座椅设计的《草莓太阳树》也成为一个社交空间，提升了环境品质（见图 6-69）。

《草莓太阳树》的规格一般是 5 米高，周围有简单的长椅。一块未经形态再设计的大型方正太阳能电池板位于"树"的顶端（见图 6-70），其电池容量很大，可以满足上千人的快速充电需求，甚至在没有阳光直射的情况下，它也可以运行一个月。作品的"枝干"简单，甚至有些简陋。这种做法降低了成本和维护费用，但是离植物仿生公共艺术显然还有差距。

图 6-69 《草莓太阳树》与座椅的配套是相对松散的　　　　　　图 6-70 《草莓太阳树》只有一片太阳能板

目前，作为地域型的类植物仿生公共艺术作品，《草莓太阳树》的推广在小范围内取得了成功。欧洲已经建立了 12 个草莓充电站，其中 10 个设在塞尔维亚，另外两个分别设在波斯尼亚和黑塞哥维那，并受到公众的欢迎。加州社区大学对《草莓太阳树》表现出了兴趣，这种尺度小、有清洁发电和充电功能的作品比较适合于大学（见图 6-71 和图 6-72）。为了进一步扩大市场，《草莓太阳树》还制造了另外两个版本的太阳能充电器。迷你版《草莓树》是一个较小的便携式模型，可用于节日和活动；迷你乡村版《草莓树》体积更小，可用于没有无线网络和电力的乡村（见图 6-73）。

总体来看，《草莓太阳树》无论是从形态上还是从功能上，都注重费效比。作品体现出了东欧地区的工业基础水平，满足大学校园，特别是温带地区大学校园的需求，具有鲜明的地域特色。

图 6-71　《草莓太阳树》的遮阳面积不大

图 6-73　《草莓太阳树》可布置在滨水地段

图 6-72　《草莓太阳树》与校园环境比较契合

小　结

　　总体来看，类植物仿生公共艺术在国际上已经取得了蓬勃的发展。相比之下，国内在这一领域的投入还比较有限，这与技术基础、社会需求等一系列因素有关。但随着国家战略越来越注重生态环境保护，人民群众对高品质的基础设施需求越来越大，加之国内已有发达的工业生产基础，国内类植物仿生公共艺术有望在将来达到甚至超越国际水平。在设计训练过程中，需要注意其在成本控制、便于量产的工艺处理上与植物仿生公共艺术有所区别。

章｜测｜试

　　1. 你认为类植物仿生公共艺术要想发展，最需要解决设计概念上的哪一个问题？

　　2. 你认为在今后的一段时间里，国内推广类植物仿生公共艺术最需要克服哪几个障碍？

第七章

意在笔先——
植物仿生公共艺术理论基础

植物仿生公共艺术形式新颖，对设计者的知识储备要求较高。因此在学习了相关案例知识后，还有必要对其中的规律加以总结，为后面深度不同的基础训练和综合训练做一个良好的过渡。因此本章首先重点介绍植物仿生公共艺术设计的材料知识；其次介绍环境知识；最后介绍部分代表性植物的名称、科属和特征。

植物仿生公共艺术材料

植物仿生公共艺术的材料多样，这里仅介绍几种具有代表性且在当前环境下相对易于实现的材料及相应工艺类型。

一、钢

相对于铜，钢很晚才出现在人类艺术的舞台上，而适用于建筑装饰和艺术创作的不锈钢则发明于 20 世纪初。苏联著名的女雕塑家穆西娜 1937 年为"巴黎世界博览会"苏联馆创作的《工人和集体农庄女庄员》，是不锈钢及相应锻造工艺的第一次成功运用，具有划时代的意义。很快，不锈钢以其独有的现代特征和易于加工的特性，迅速成为现代艺术家钟爱的材质。与不锈钢对应的工艺主要是锻造及焊接。

以钢为主设计植物仿生公共艺术作品有两个优势。第一，钢材价格低廉，尤其是以回收钢材为材料更能体现出这一优势。经济上的可承受性，使利用钢材进行大批量制作成为可能。第二，不锈钢具有高强度的特点，便于拆解吊装，这一点从《彭布洛克派恩斯展厅》的施工过程中可以很清楚地看出来（见图 7-1 ~ 图 7-4）。

不锈钢锻造后的质感、效果与不锈钢板的厚度有密切关系。大型雕塑往往需要较厚的钢板，厚度大的钢板焊接时受热变形小，完成后凹凸不明显，但加工难度大。较薄的钢板易于加工，但焊接难度大，受热后变形严重。如果雕塑形体过大，就会影响表面效果。

加工不锈钢需要专业工具。切割 2 毫米以下的薄板可用电剪刀，再厚的钢板则需专门的裁板机。近年来，既保证钢板平整，又不限厚度，而且形状变化自由的切割工具是等离子切割机，它利用特种喷嘴放射出温度高达 10000℃以上的等离子射流，是理想的现代切割工具。

不锈钢的锻造方法基本与锻铜一致，主要为冷锻，转角大的地方可用乙炔加热。不锈钢锻造中，焊接的技术尤为重要。电焊是传统的方法，但导热严重，钢板容易变形，必须不断采取冷却措施。氩弧焊是比较先进的一种焊接方式。它可以用惰性气体氩气保护电弧融化的金属，使其免遭氧和氮的侵蚀，尤其适合有 90°拐角的几何形雕塑。

图 7-1 《彭布洛克派恩斯展厅》的不锈钢框架加工

图 7-2 《彭布洛克派恩斯展厅》的"叶片"
锻造及其与框架的焊接

图 7-3 《彭布洛克派恩斯展厅》的"叶片"
施工完毕

图 7-4 《彭布洛克派恩斯展厅》的"茎干"
部分正在喷涂

不锈钢的抛光需要专业的工具和技术，抛光时要遵循一定的规律，否则在阳光下会看出划痕，影响整体视觉效果。

除不锈钢锻造之外，依托快速发展的材料科学，考登钢（也称耐候钢）等材料也日益受到公共艺术设计者的重视，如澳大利亚艺术家克莱门特·麦德摩尔（clement Meadmore）就利用这种耐腐蚀、色彩独特的材料创作了大量作品。在《未来之花》中，软钢也发挥了自身独特的作用（见图 7-5 和图 7-6）。

图 7-5 《未来之花》的软钢锻造成型

图 7-6 《未来之花》的软钢经过镀锌处理

二、铝合金

图 7-7 裂开的纽扣

铝合金是以铝为基的合金总称，主要合金元素有铜、硅、镁、锌、锰，次要合金元素有镍、铁、钛、铬、锂等。铝合金的特殊性能来源于纯铝的特殊物理性质，铝具有密度小、自重轻、熔点低、易加工、耐腐蚀等其他材料难以比拟的优越性，但是缺点在于强度较低，难于用作结构材料承力。因此人们将其他多种元素加入铝，以成为合金。这种合金在保持铝自身优点的同时又具有较高的强度，因此在工业化生产后被广泛应用于航空工业、机械制造等领域，在现代工业领域中的用量仅次于钢。将铝合金应用于公共艺术创作时，由于铝合金具备铝材导热性差的特点，因此可以避免夏冬两季作品可能出现的危及人身的高温和低温，这使其特别适用于那些提供乘坐、休息、游戏等功能，需要与人体近距离接触的公共艺术作品，如奥登博格的《裂开的纽扣》等（见图 7-7）。

三、塑料

塑料是一种高分子合成物，主要以合成树脂为基础原料，其特点是可以塑化成型并在凝固后保持既定形状。热塑性塑料可以反复受热塑制；热固性塑料只能一次成型，再受热只能碳化。这种材料近年来在植物仿生公共艺术领域开始大规模采用，如《观念树》"树冠"部分的"叶子"就由半透明的聚碳酸酯板制成（见图7-8）。《风树》的"叶片"则采用苯乙烯-丙烯腈-丁二烯共聚物（ABS）制造而成。ABS塑料是一种无毒、无味、低成本并且容易获取的塑料（见图7-9）。由于其耐候性差，在紫外线的作用下易产生降解，因此不会造成白色污染。同时，这类塑料因为本身性质比较稳定，常温下很难与其他物质发生反应，有害气体渗出能力弱，且较少使用添加剂，因此是一种相对环保的材料（见图7-10）。

四、碳纤维

碳纤维一般用于制造一级方程式赛车主体结构，近年来由于一系列优点逐渐成为植物仿生公共艺术的主要材料之一，《M展厅》就利用碳纤维的高强度成功展现了优美的形态与强大的功能（见图7-11～图7-14）。碳纤维其实是材料及其加工工艺的总称，其加工工艺与玻璃钢类似，都是纤维与树脂结合，固化后具有高强度，但两种纤维的物理性质迥异。碳纤维是由碳元素构成的无机纤维，力学性能优异、密度低、轴向强度和模量高，且不易产生蠕变，耐疲劳性好、热膨胀系数小、耐腐蚀性好。而玻璃纤维是废旧玻璃经过高温熔制、拉丝等工艺形成的，吸水性差、耐热性高，但强度远低于碳纤维。不过碳纤维的优异性能也使其造价较高。碳纤维的加工工艺有模压法、手糊压层法、真空袋热压法、缠绕成型法等。

图 7-8　《观念树》的聚碳酸酯板"叶片"

图 7-9　《风树》的 ABS 塑料"叶片"

图 7-10　《风树》的作者在与"叶片"成品合影

图 7-11　碳纤维为《M展厅》制造了通透轻盈的视觉效果

图 7-12 碳纤维的强度高

图 7-13 利用碳纤维实现的挑高

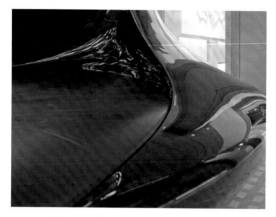

图 7-14 利用碳纤维还可以实现光滑肌理

第二节 植物仿生公共艺术环境

植物仿生公共艺术具有公共艺术设计的大多数共性。由于自身特色使然，相对于传统雕塑艺术，公共艺术对环境的归属性更强，甚至不可分割。对当代公共艺术来说，主要环境有公园、广场、步行街、大学校园、滨水环境、建筑内外环境、地铁环境和公路沿线环境八种。这八种环境可以组成相对完整的城市环境，兼顾物理环境和人文环境的不同要求。

本节将介绍针对这八种环境开展公共艺术设计实训的设计要点，可帮助读者掌握空间尺度、物理环境与人文特征，也是植物仿生公共艺术设计训练的必经之路。

一、公园环境

公园是重要的休闲场所，也是室外环境的主要类型之一，在人类社会生活中发挥着不可替代的作用。对于植物仿生等公共艺术设计来说，公园是首选的重要环境之一，《风树》就是典型案例（见图 7-15）。在公园中开展公共艺术设计时，应当注意以下几个要点。

1. 与建筑环境统一

公园作为一个具有休闲功能、视野开阔的特殊场所，要求公共艺术作品能够做到与公园内的主要建筑尺度统一，色彩上形成统一或对比，同时在功能提供上也具有硬性要求。此类要求特别集中于大型公园。

2. 与公园的休闲氛围融合

公园是一个开放环境，需要公共艺术作品营造浓郁的休闲氛围。因此，公共艺术作品不能像传统雕塑那样用基座与公众分开。公共艺术作品设计时需要了解人类的趋近性等环境行为心理特征，甚至基于这种行为特征设计作品形态，以最大程度满足人们的观赏需求，并提供尽可能大的休闲空间。

图 7-15 位于公园内的《风树》

3. 充分满足游戏需求

游戏是人类的本能，也是人类生存的基本需求之一。公园在满足成人休闲需求之外，也是满足儿童游戏需求的主要场所。因此，有必要深入生活，结合游戏特征设计公共艺术作品形式。另外，此类作品对工艺要求较高，如焊口必须打磨平整，以免对幼儿造成伤害；作品的基础也要牢固，以防路人对作品进行破坏。

二、广场环境

广场是由城市中的重要因素（如建筑物、道路和绿化带等）围合而成的场所，用于满足居民社交、集会等社会需求。公共艺术在广场设计中发挥着重要作用，优秀的公共艺术作品可以借助跨学科知识，活跃广场整体形态，统摄文脉主题，从而充分发挥公共艺术的社会功能（见图 7-16）。广场公共艺术设计中应当注意以下几个要点。

图 7-16　位于广场上的《兰花》

图 7-17　位于耶路撒冷广场上的《Warde》

图 7-18　《Warde》能满足广场人流的遮阳和交流需求

1. 把握广场的空间形态

公共艺术作品要落成于广场，必须对广场的空间形态有所考虑，应当根据最佳视距调整作品尺度。在不能单独凭借设计手段解决问题时，应当与建筑师、规划师和景观设计师协商，借助场地规划、植被、水体等元素来解决公共艺术形式设计中的弊端，发挥其长处，从而达到最佳设计效果（见图 7-17）。

2. 把握广场的视觉特征

需要注意的是，公园以草坪、水体为主，而广场则以硬铺装为主。公园周边环境较空旷，而广场周边建筑密集。这种环境变化自然会对公共艺术形式设计产生较大的影响，《彭布洛克派恩斯展厅》的明黄色与抽象处理就是根据广场的特征设计的。另外，开阔的广场上往往缺少遮阳设施，座椅乘坐设施也经常处于需求得不到满足的状态，公共艺术作品可以在功能提供方面发挥重要作用，特别是遮阳、装放垃圾等。

3. 合理满足人群需求

广场与公园最大的区别之一，是前者承担着更为复杂多样的功能，除了休闲外，还有集会、社交等。而广场使用人群往往包括职场人士，他们将广场作为重要的交通空间，希望快速到达目的地。因此，要正确开展广场公共艺术设计就需要对公众的活动方式进行深入调研。公共艺术必须尊重公众的交通需求，尽可能使作品跨越而不是阻隔交通流线（见图 7-18）。

三、步行街环境

步行街是街道的一种独特类型，既具有街道的共性，又具有鲜明的个性。步行街一方面具有交通性街道的功能，另一方面在性质上更偏向生活性街道。部分步行街是城市在发展过程中逐步形成的，具有购物、休闲等功能，有历史基础和商业基础。综合各方面因素，步行街公共艺术设计中应当注意以下几点。

1. 把握空间形态的独特性

步行街是独特的线形空间，这与公园或广场等开阔空间完全不同。对作品的观赏很可能不是全方位的。剪影、厚度拉伸等二维公共艺术可能会更适合这种线性空间形态。从另一个角度来看，步行街的宽度有限，人流量又往往很大，尺度过大的单体作品可能是不适宜的，系列公共艺术反而比单体作品更适合这样的环境形态，日本法列立川项目已经证明了这一点。当然这就对组织者、策划者、设计者的眼界、水平与控制力提出了更高的要求。

2. 适应商业文化氛围

步行街是现代商业活动繁荣的产物。不论是建筑设计还是标志设计，都需要营造浓郁的商业氛围，因此商业文化应当是步行街公共艺术的重要主题。此外，现代科技和生活也可作为步行街公共艺术的主题。六本木项目中广泛使用现代元素契合环境商业属性就是范例（见图7-19）。设计过程中，需要注意保持艺术的独立性与完整性，避免与过度商业化的设施或广告混淆。

图 7-19　六本木《失效的计时器》

3. 适合环境行为特征

步行街道上的公共艺术需要适应公众的环境行为特征，与人体尺度、步幅、速度相匹配，这与公路沿线公共艺术完全不同。同时，街道公共艺术也需要跨越交通流线，但又与广场公共艺术不同。街道上的交通流线相对单纯，但流量较大，公共艺术设计中如果跨越交通流线，以不影响步行街主要的商业消费观光行为为宜。

4. 满足多样化需求

步行街，特别是商业步行街，作为独特的街道形态，需要为前来观光购物的游客提供良好舒适的体验，而步行街自身特点又决定了它会有数量较多的设施，如区分人行道与车行道的车挡、提供休息的座椅，此外还有标识牌、通风口、接驳的电车站和自行车存放处等，很多步行街的形式是较为杂乱的，通过巧妙设计的公共艺术可以加以遮挡，如日本法列立川和我国成都太古里等项目。

四、大学校园环境

大学校园公共艺术及其前身校园传统雕塑，是大学校园文化的重要载体。在院校建设迅猛发展的时代，进行高质量的校园公共艺术建设，需要掌握好校园环境的形态与文化特点，把握好年轻学子的心理。

1. 更好地精炼校园文化

从校园文化建设的整体性、系统性、战略性入手，进一步提炼无形的校园文化，并为其视觉化提供便利，帮助学生形成正确的人生观、价值观和世界观。

2. 形式内容幽默化

校园公共艺术的主要受众群体是年轻学生，这一群体有活泼、乐于接受新事物等鲜明特征。事实上，很多对当前校园公共艺术的调侃性称呼，都是年轻学生对一本正经的说教方式的逆反行为。因此在设计过程中需要综合运用人体工程学、心理学等领域的研究成果，将幽默元素注入校园公共艺术建设中，化被动为主动，选用形式主题富有幽默色彩的抽象公共艺术，以活跃校园文化氛围，有效缓解学生的压力，从而得到学生的认可（见图 7-20）。

图 7-20　位于塞尔维亚贝尔格莱德大学内的《草莓太阳树》

3. 空间布置多元化

为了避免校园内空间不足，校园公共艺术在设计中，可以将部分作品采用底部架空的方式，布置在建筑入口、通道、绿地小径等交通流线上，与学生的日常学习生活产生交集，从而实现更佳的艺术效果。实现这一效果的关键在于解决由形式、材料和工艺等因素产生的安全问题，从而避免作品遭到严重破坏，也避免师生发生人身事故。安全问题可以通过使用新材料、新工艺来解决。

五、滨水环境

水作为自然环境的重要组成部分，与人类生活密切相关。只有从水的特性入手，对结合水体的公共艺术类型进行归纳总结，结合案例分析，才能从不同层面和不同视角认识水体在公共艺术设计中的作用，并提高设计水平。综合来看，滨水公共艺术设计中具有以下设计要点。

1. 视觉问题

滨水公共艺术往往以相对纯净的大海或内河为背景，因此可以选用较为简单、直白和通透的设计方法，如剪影正负形等。此外，也要保证人们观看水景的需求，因此在滨水环境下，最好选用形体占地面积较小的形式。如何选用能够与海水潮汐互动的形式，也应当是设计的重点，英国卡迪夫的《联盟》就是这一领域的代表作。

2. 功能问题

滨水环境对公共艺术的功能需求较为独特，如海边会有强烈的海风，因此更需要避风而不是遮阳。滨水地段往往不是人群密集的地段，基础设施不完善，因此对公共艺术作品自身发电供应照明就提出了更高要求，《未来之花》就是典型的案例（见图 7-21）。

3. 技术问题

滨水环境对公共艺术的材料、工艺甚至安装都提出了较高的要求，海滨尤其容易遇到强风侵袭。同时，海滨空气盐分高、腐蚀性强，美国自由女神像在整修时就发现对铁质框架损害严重，因此需要在防腐上多作准备。

图 7-21　墨西河畔的《未来之花》

六、建筑内外环境

国际主义风格建筑以形式简洁和功能至上为特征。为了与这些几何感强、表面覆以大面积玻璃幕墙或清水混凝土的建筑相结合，现代公共艺术在位置选择上也开始寻求突破，不再固定于建筑前广场或中庭，而是不拘一格，甚至与建筑结构搭接在一起。如何根据建筑内外环境的特征开展公共艺术设计，寻求艺术与建筑的一体化，成为公共艺术设计所必须面对的课题。

从建筑内外环境的特性来看，结合相应经典案例，该类型公共艺术应当注意以下设计要点。

1. 注意与建筑形态、色彩的统一或对比

与建筑进行一体化设计时，需要注意公共艺术与建筑的形态、色彩的关系遵守统一、对比、调和等形式美法则。设计得当的公共艺术作品与横平竖直的建筑既统一又对立，且与建筑结构联结在一起，既节省了空间，又提高了自身的视角，可谓一举多得（见图 7-22）。

图 7-22　澳大利亚悉尼的公共艺术与高架桥保持尺度上的协调

2.注重材料、工艺选择

与现代建筑一体布置的公共艺术品往往需要选用较轻的材料，如铝合金等，并与建筑的金属梁、柱形成物理联结，因为这些作品往往处于离地较高的位置，下部人流密集，因此需要特别注意安全性。此外还要注意材料本身和联结节点所能承受的最大拉力，由于作品往往要长时间悬吊，而且其位置又难以维护，因此材料在长时间承受拉力后的疲劳变形程度也需要引起重视。

3.作者与建筑师和结构工程师密切合作

与建筑进行一体化设计，需要作者与建筑师和结构工程师进行密切的合作研究，共同解决重量、位置等关键问题。只有合作顺畅（如奥登博格与盖里在加利福尼亚广告公司办公楼《望远镜》中的合作），作品才能顺利完成。事实上，近年来随着公共艺术市场的细分，越来越多的跨学科团队涉足公共艺术设计领域，其团队内部就集中了雕塑、建筑、技术等专业人员，设计的作品能够有效满足委托方需求。

七、地铁环境

对公共艺术建设来说，地铁空间是一种特殊的环境类型。瑞典斯德哥尔摩地铁艺术最早开始在设计中秉承简洁、人性化的北欧设计风格，深入开展调研工作，针对地下空间的封闭性、人员的流动性和方位感的缺失等特点，重点开展建筑墙面和柱体美化、顶棚装饰、地面铺装、色彩和材质专项运用、标识设施与艺术设施完善等工作。通过同类案例分析，可以总结出地铁公共艺术的几个设计要点。

1.注意受众多样化

地铁站台与建筑内环境（尤其是机场航站楼等环境）较为相像，同样需要解决拥挤人流、有限空间、旅客紧张情绪等问题。但机场航站楼面对的主要旅客群体来自五湖四海，而城市地铁的主要使用者是本地居民。因此，地铁公共艺术建设力求文化传承具有事实依据，如日本北海道地铁。

2.促进艺术形式创新，以适应环境

由于所在环境的特殊性，如相对狭窄、人流高度密集等，地铁公共艺术多种艺术形式并存甚至高度融合的特点。很多作品很难说是传统的圆雕、浮雕，或说是建筑设计、室内设计和工业设计作品，如日本东京地铁大江户线饭田桥站和意大利那不勒斯大学地铁站。只有具备跨学科背景的人才才能更好地适应这一形势。同时，地铁环境的特殊性也要求其决策者进一步拓宽思路，转变传统视角，以更好更快地建设高质量地铁公共艺术作品，为促进所在城市文化的发展作出贡献。

八、公路沿线环境

公路是交通系统的重要组成部分，承担着客流与货物运输的重要功能。在公路沿线进行包括公共艺术、植被绿化在内的建设，比在其他地点进行的类似建设有更大的机会被观赏到，因此高水平的公路沿线景观雕塑能够有效丰富景观，提升所在区块或城市的形象（见图7-23）。由于涉及因素多，因此公路沿线公共艺术设计需要注意以下设计要点。

图7-23 公路沿线的《太阳花》

1. 调研视角切入不应局限于公路

场地调研是建筑、景观设计工作的基础，但由于公路沿线的特殊性以及自媒体时代信息传播速度的加快，公路沿线公共艺术设计之前的场地调研对象应当更为广泛，特别是要避免设计中单纯重视公路沿线环境在时间上的顺序性，而忽视了观赏者所处空间的可变性。因此，公路沿线公共艺术设计调研的对象不能仅局限于公路使用者，还需要考虑到沿线居民的观点，更要考虑到大众传媒时代的特点，保证大多数人在没有背景知识的情况下都能正确理解作品形态，从而实现设计意图。

2. 设计方法应力求简洁、直白

公路沿线地形具有特殊性，设计中即使运用创新的理念，也应当通过调研、模型构建和试验等方式验证设计的正确性。公共艺术与景观不同，移步换景手法在景观设计中行之有效，而受众对公共艺术的需求更多属于精神层面，如何感受到具体的形态，并体会蕴含其中的文化意境是最重要的。通过巧妙选择布置地点可以达到设计要求。

3. 设计主题应呼应交通因素，具有教育意义

除了形式外，还应当考虑到其交通领域的人文属性。公路与轨道交通不同，驾驶员需要自行控制车辆，存在很多不可控的风险。因此公路沿线的艺术作品不但应具有简单直白的造型、轮廓与主题，以免让驾驶员分神，而且其主题应对促进交通安全有帮助。

4. 综合考量各方面设计要素，取得更大效益

越是公路沿线的雕塑景观与公共艺术，调研对象越不能局限于公路本身，设计形式越不能受公路本身制约，而要力求直观、通俗、易懂。只有利用好公路沿线空间，深刻洞悉公路沿线景观雕塑设计特性，持续不断投入资源深化研究，并结合科学高效机制，才能多出精品，美化周边环境，彰显城市形象，提升人文氛围，减少舆论争议，促进社会和谐，提升交通安全，为建设高效、美观、安全的路网作出贡献。

第三节　部分代表性植物

开展植物仿生公共艺术设计训练前，有必要加深对植物的认识。本节列举了部分代表性植物的名称、科属和特征，其中大多数已经以公共艺术的形式落成。此外，还应多方搜集资料，为后续设计综合训练的开展奠定基础。

一、向日葵

向日葵（见图 7-24）是菊科向日葵属的一年生草本，高 1 ~ 3.5 米，茎直立挺拔；广卵形的叶片通常互生，先端锐突或渐尖，边缘具粗锯齿，两面粗糙，被毛，有长柄；头状花序，直径 10 ~ 30 厘米，单生于茎顶或枝端。

向日葵能够随阳光转动，以提升光合作用的效率。这一机制在越来越注重太阳能发电的公共艺术设计中得到了广泛应用。

除此之外，向日葵还有扎根土壤的特点。其根系吸收养分的同时，可对有害污染物进行提取、降解、过滤、固定或者挥发。除了对金属污染物具有较强的抵御能力外，根部的富集作用也是向日葵能够吸收有害污染物的主要原因。硕大的花盘、金黄的朵瓣下，深入土壤的根部能将污染物吸收到向日葵的枝干内部，将重金属储存在内部，实现了重金属物质"由下到上"的转移，降低了土壤中重金属的含量。采用向日葵造型的案例

图 7-24　向日葵

有《太阳花》等。

二、二球悬铃木

二球悬铃木（见图 7-25）是悬铃木科悬铃木属的落叶大乔木，高可达 35 米。枝条开

展，树冠广阔，呈长椭圆形；树皮呈灰绿或灰白色，不规则片状剥落，剥落后呈粉绿色，光滑；柄下芽，单叶互生，叶大，叶片呈三角状，长9～15厘米，宽9～17厘米，3～5掌状分裂，边缘有不规则尖齿和波状齿，基部截面或近心脏形，嫩时有星状毛，后近于无毛。

图7-25　二球悬铃木

二球悬铃木是优良的庭荫树和行道树，适应性强，又耐修剪整形，广泛应用于城市绿化。在园林中孤植于草坪、旷地，或列植于甬道两旁时，尤为雄伟壮观。因其对多种有毒气体的抗性较强，并能吸收有害气体，因此可用于街坊、厂矿绿化。采用二球悬铃木造型的案例有《风树》等。

三、龙血树

龙血树（见图7-26）是龙舌兰科龙血树属的乔木，通常生长在干旱的半沙漠区域，高可达4米，皮呈灰色；叶无柄，密生于茎顶部，厚纸质，呈宽条形或倒披针形，长10～35厘米，宽1～5.5厘米；基部扩大抱茎，近基部较狭窄，中脉背面下部明显，呈肋状，顶生大型圆锥花序，长达60厘米，1～3朵簇生；花呈白色，有芳香；浆果呈球形黄色。

图7-26　龙血树

龙血树受伤后会流出一种血色的液体。这种液体是一种树脂，也是一种名贵的中药，名为血竭或麒麟竭，有活血功能，可以治疗筋骨疼痛。这种树脂是一种良好的防腐剂，也可作为油漆的原料。龙血树株形优美规整，叶形叶色多姿多彩，为现代室内装饰的优良观叶植物。中、小盆花可用于点缀书房、客厅和卧室；大中型植株可用于美化、布置厅堂。采用龙血树造型的案例有《人造树》等。

四、荷花

荷花（见图7-27）是莲科莲属的多年生水生草本花卉，也是最古老的双子叶植物之一。胚芽被鳞片包裹着，和单子叶植物相似。根状茎横生，肥厚，节间膨大，内有多数纵行通气孔道，下生须状不定

图7-27　荷花

根。荷叶呈圆形，盾状，直径一般为 25～90 厘米，表面呈深绿色，被蜡质白粉覆盖，背面呈灰绿色，叶缘稍呈波状，上面光滑，下面叶脉从中央射出，往往有 1～2 次叉状分枝。荷叶的这些特点适用于遮阳和乘坐等公共艺术功能。

荷花的叶柄呈圆柱形，密生倒刺；花梗与叶柄等长，或比叶柄稍长，散生小刺。花单生于花梗顶端，高托水面之上，直径为 10～20 厘米，美丽、芳香；花型有单瓣、复瓣、重瓣及重台等；花色有白、粉、深红、淡紫、黄或间色等。荷花在中国传统文化中有多种寓意，而且是壁画、染织中常用的元素。

小　结

在展开具体的设计训练之前，掌握相应的材料知识、环境知识和有关植物科的相应知识是有必要的。但是限于篇幅，本章介绍的内容比较有限，还需要读者根据自己的需求，通过课程视频、教学资料以及其他途径自学，为后续基础训练和综合训练作好准备。

章 | 测 | 试

1. 广场公共艺术设计的要点可以归结为哪几点?
2. 为什么说地铁公共艺术通常更重视本地文化传承?

第八章

按图索骥——
植物仿生公共艺术设计基础

植物仿生公共艺术设计基础训练包含设计方法训练、设计工具训练和概念设计训练。本章点评的作业，主要是为了说明设计方法或软件应用，作业本身均为较简单的概念设计，需要注意与完整的系统设计有所区分。

植物仿生公共艺术设计方法

植物仿生公共艺术作品往往置身于广阔的开放空间内，要解决复杂的材料、结构和工艺问题，并在与人互动的过程中保障公众人身安全，就要求作品既是艺术创作的产物，又必须处处体现设计的严谨与巧思。虽然植物仿生公共艺术的设计方法与造型手段多种多样，但根据艺术创作与设计活动的内在规律，目前易掌握的设计方法主要有三种，分别是基于剪影图像表达的设计方法、基于几何构成美感的设计方法和像素化设计方法。

一、基于剪影图像表达的设计方法

剪影来自对事物轮廓的描述，轮廓又来自物体的形状，而不受光影、深度、体积影响的形状是辨识物体的基本手段之一。一般情况下，开放空间中的艺术形式为二维壁画、线刻或三维雕塑。但是现代公共艺术颠覆了这一传统认知，大胆采用具体形状的轮廓剪影作为主要表现手段。剪影式公共艺术利用物体最容易为视觉把握的侧面形状加以表现，能够直白传达信息，符合现代社会的心理需求。但是单纯的剪影只适合于从特定角度观看，对布置地点有较高要求。若要在开放空间中布置剪影式公共艺术作品，就需要一定程度的改进。剪影设计方法与植物仿生公共艺术的结合适用于公路沿线、步行街等狭长的环境，以便发挥其醒目、直白等优点。此外，也可以在垂直与水平方向插接，以得到立体视觉效果，与开放环境融合（见图8-1）。

图 8-1 采用剪影设计方法的植物仿生公共艺术

作业点评：《白色树之影》

　　作者针对天津师范大学内 1500m² 的现有地块进行调研，并提出生态美、形式美和功能美并重的设计思路，基本设计方法运用合理，疏密得当。由于方案涉及面较广，因此在这里仅就其中一个部分——《白色树之影》（见图 8-2）进行点评。

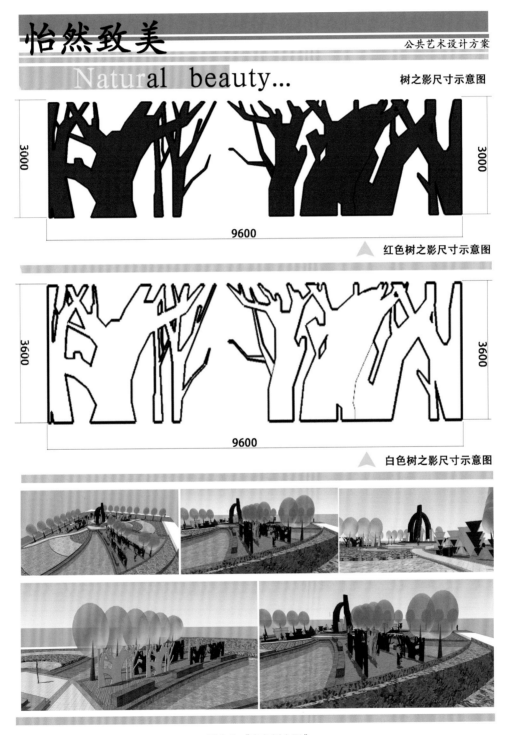

图 8-2　《白色树之影》

　　《白色树之影》是整体设计的一部分，概念方案以生态适应性为主题，采用剪影设计方法，强调色彩的对比与统一，具有强烈的视觉冲击力和视觉美感。与基地的结合也充分发挥了剪影式公共艺术作品占地面积小的优势，保证了交通流线的顺畅与人员活动空间的充足。通过对树形、色彩、线条、质地及比例的差异和变化显示出场地的多样性，同时使它们之间保持一定的相似性，使景观既生动活泼，又和谐统一。

二、基于几何构成美感的设计方法

　　构成式公共艺术在世界范围内有较大的知名度。美国艺术史学者 H.H. 阿纳森指出了原因："几何形构成，使那些围绕着新式摩天大楼的空间，那些艺术博物馆公园或者新的大学组合建筑群的空间非常动人。这种基本中立性的艺术很适宜于配合建筑。"

　　作业点评：《巨树》

　　作者在设计《巨树》（见图 8-3）时，由于对结构尺度与构成美感的掌握不足，因此结合立体构成课程训练进行手工模型训练（见图 8-4 和图 8-5）。作品以规格统一的钢管为基本元

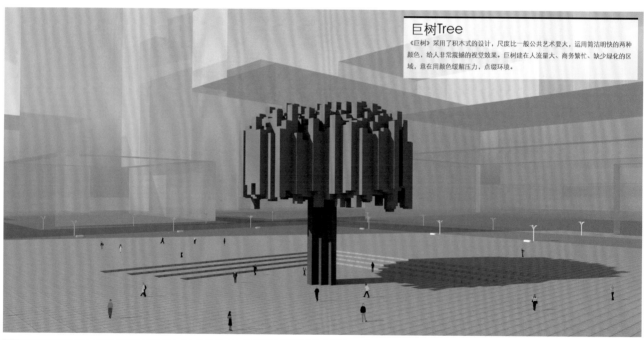

巨树Tree

《巨树》采用了积木式的设计，尺度比一般公共艺术要大，运用简洁明快的两种颜色，给人非常震撼的视觉效果。巨树建在人流量大、商务繁忙、缺少绿化的区域，意在用颜色缓解压力，点缀环境。

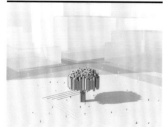   

图 8-3 《巨树》

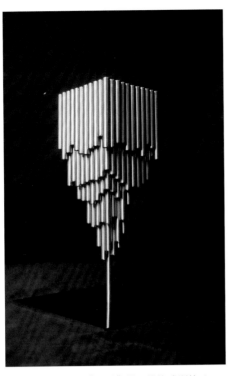

图 8-4　结合《巨树》的三维构成训练 1

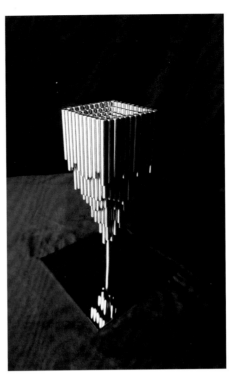

图 8-5　结合《巨树》的三维构成训练 2

素，通过尺度变化，模仿树木茎干和树干的形态，摸索基本元素间尺度和数量的最佳状态。最后完成的方案形式美感理想，但是暴露出茎干部分太细、承重能力不足的弱点，因此在后期《巨树》的模型构建中注意纠正了这一问题，反映出构成训练的重要性。值得注意的是，作者拍摄手工模型时仔细考虑了光线和角度，这种态度和方法也值得在最终表现时加以参考。

三、像素化设计方法

像素（pixel）是基本原色素及其灰度的基本编码。作为构成数码影像的基本单元，像素平方英寸⊖（pixels per inch，简称 PPI）通常用来表示影像分辨率的大小，即衡量图像质量和清晰度的关键标准之一。像素点用矩阵排列或拼合成图像，这种图像也称位图，它与用数字公式表示的矢量图有本质上的不同。位图的特点就是当放大到一定比例时，就能看到组成图像的一个个像素点及其锯齿状边缘。早期计算机显示屏及处理器的性能有限，因此插卡机上显示的游戏人物都呈现出比较明显的锯齿化边缘。随着电子设备性能的提升，这种现象已经逐渐减少。但其作为一种卓有意味、富于效率并颇具怀旧气息的造型方法进入艺术领域，得到越来越多艺术家的采用，应用前景良好。位于美国纽约的《像素喷泉》就是这一领域的代表作。

⊖　1 英寸 =0.0254 米。——校者注

作业点评：《数字萌芽》

　　像素化是一种普遍特性，有很多设计手段可以使用。如《我的世界》是一款高自由度沙盒游戏，由瑞典 Mojang AB 和 4J Studios 开发，它使用 Java 语言编写，具有极强的适应性，而且功能强大，游戏里设置了利用各种模块搭建建筑和组建城市的活动，给玩家带来很多乐趣。同学们利用这款游戏的界面来进行像素化公共艺术的设计，确实充分利用了现代技术手段，是利用创意弥补表现手段的典型训练。《数字萌芽》（见图 8-6）注重生态属性，表达了数字萌芽的形态，实现了利用像素化手段进行三维塑形的设计初衷。不足之处在于构思相对简单，功能性等考虑不够充分。

图 8-6 《数字萌芽》

植物仿生公共艺术设计工具

在现代校园中，高性能计算机已经成为学生学习生活的标准配置，网络提供了搜集素材的顺畅通道。SketchUp、Photoshop、Rhino、AutoCAD（以及其他来源的 CAD，如 SolidWorks）等界面友好、操作相对简便的软件工具的普及，为非艺术专业学生自由开展公共艺术创意设计打开了大门。这里所指的简便，是相对之前在艺术领域应用较广泛的 3ds Max 而言的。这些软件大多用直观的推、拉、旋转等动作代替了较为抽象的命令输入方式，掌握起来较为便捷。实践证明，即使仅为课程自学，没有艺术基础的非艺术专业学生也大多能在较短时间内掌握基本要领。同时，这些软件占用内存普遍较小，降低了对硬件的要求，视觉效果也能满足要求，因此消除了非艺术专业学生参与公共艺术设计的主要障碍，成为展示自身创意方案的有效工具。另外，这些软件大多数与建筑、机械等专业有关，可以通过资源共享，加强学习效果。

一、SketchUp

SketchUp 是 @Last Software 公司推出的一款设计软件，以界面简洁、操作便捷为特色，可以保证设计师利用该软件直观表达自己的设计思路，而不必被繁琐的操作和命令输入所困扰。SketchUp 拥有庞大的模型资源库。SketchUp 主要用于建筑、规划、园林、景观、室内以及工业设计等专业。

SketchUp 最具特点的功能就是绘制面后，可以通过简单的推拉工具成型，并且快速提供剖面图。这使建筑等专业人员利用 SketchUp 进行公共艺术设计时，具有上手快的优势。实践证明，在提供教程和部分参考作业的情况下，即使是毫无艺术与建模基础的理科生，也能够凭借较强的逻辑思维能力在短到一两天的时间内基本掌握操作方法。

SketchUp 内存小和运转快的优点，是通过降低模型复杂度的方法实现的。用 SketchUp 绘制的圆形，其实是一个近似圆的多边形。这就使得 SketchUp 适合于横平竖直等规则的形态塑造，因此对于二维图像拉伸的公共艺术（如字母式公共艺术、剪影式公共艺术和构成式公共艺术）会显得得心应手。而在塑造曲面时，虽然可以通过地形工具和部分插件实现，但还是不如 Rhino 顺畅。另外，SketchUp 模型的视觉效果即使经过 V-Ray 等渲染器渲染或 Photoshop 处理，仍然会显得相对简单，一眼就可以辨认出来（见图 8-7）。但这一不足又被 SketchUp 擅长营造氛围的优点所抵消（见图 8-8 和图8-9）。在利用 SketchUp 进行公共艺术设计时，需要认识该软件的优势和不足，选择适当的类型和方案，以达到最佳效果。图 8-10 SketchUp 构建的荷叶模型，SketchUp 独特的界面和对平整图形处理的优势显而易见。

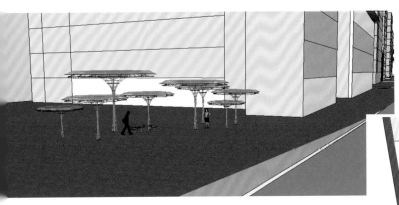

图 8-7　SketchUp 未经渲染的效果显得简单

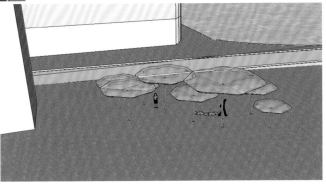

图 8-8　SketchUp 擅长与环境一体化构建

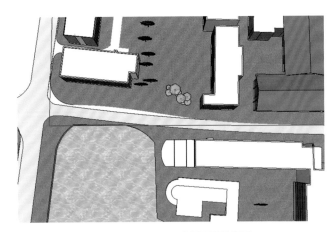

图 8-9　SketchUp 有助于营造氛围

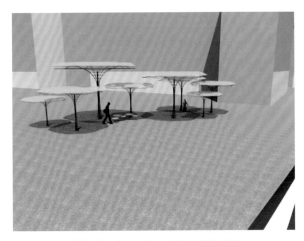

图 8-10　SketchUp 构建的荷叶模型

二、Rhino

Rhino，中文名为"犀牛"，是美国 Robert McNeel 公司于 1998 年推出的一款建模软件。与 3ds Max、Softimage XSI 等软件相比，它对硬件要求较低，占用内存较小，不依赖昂贵的工作站和显卡。此外，其人性化程度高，操作便捷，与 Flamingo（火烈鸟）渲染器结合后的最终渲染效果也比较理想，因此自问世后就引起极大关注。由于注重对曲线、曲面的创建，因此它在工业设计领域得到广泛应用，近年来在建筑与景观领域的应用也日渐普及，特别是与 TSplines 和 Grasshopper 两款插件组合使用，能够产生非同一般的视觉效果。2012 年在北京落成的银河 SOHO，其建模工作就是利用 Rhino 及其参数化设计插件 Grasshopper 完成的。

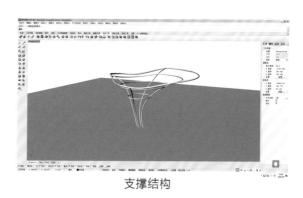

支撑结构

图 8-11　用 Rhino 构建的浮萍模型 1

Rhino 在曲面处理方面的强大能力，能够有效解决现成品公共艺术形态复杂的造型问题，还能够为后期施工提供便利。更主要的是，Rhino 这样的建模软件不仅是一种表现工具，而且与多曲面的公共艺术形态设计过程紧密结合，不可分割（见图 8-11 ~ 图 8-13）。

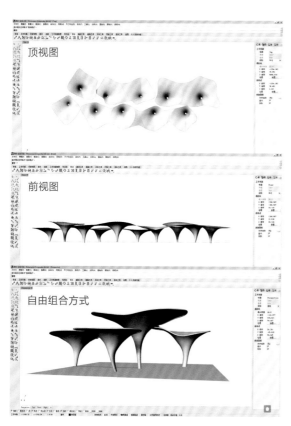

图 8-12　用 Rhino 构建的浮萍模型 2

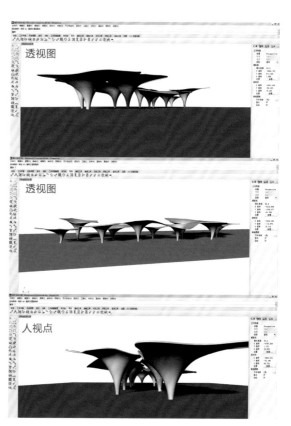

图 8-13　Rhino 模型效果

三、SolidWorks

SolidWorks 在机械设计、制造领域有着广泛的用途。SolidWorks 软件开发的初衷是为每个设计师提供能够在 PC 上运行的实体模型设计系统，它是世界上第一款基于 Windows 系统开发的 CAD 软件。

图 8-14　用 SolidWorks 构建的树叶模型

SolidWorks 易学易用，功能强大，因此成为全球范围内越来越受欢迎的 CAD 软件。值得注意的是，国内外许多知名高校都将 SolidWorks 列为机械设计专业的课程，这就为工业设计专业学生利用该软件进行公共艺术方案设计提供了极大便利。图 8-14 ~ 图 8-16 为天津大学机械学院张朗朗同学构建的阶段性模型。该模型模仿树叶效果，具有较高的精细度，视觉效果也比较理想。

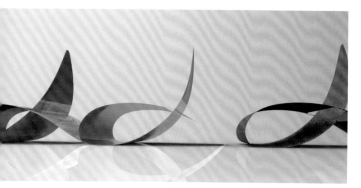

图 8-15　成组布置

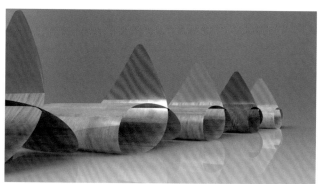

图 8-16　SolidWorks 的渲染效果图

四、MagicaVoxel

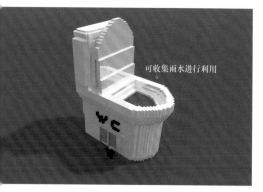

图 8-17　用 MagicaVoxel 构建的创意方案

MagicaVoxel 是近年来新出现的一款像素化素材编辑器。该软件可用于开展像素化 3D 模型构建工作，操作简便、直观，界面友好易学，对设备配置要求不高。MagicaVoxel 自带渲染工具，使用者可以调整光线条件、光照度、明暗度和锐度并预览模型。软件支持模型工程导出，导出格式为 VOX。《我的世界》游戏就是利用 MagicaVoxel 完成的。对于学生来说，直接采用 MagicaVoxel 创作模型，效果更理想。图 8-17 为天津大学机械学院李奕浩同学利用这款软件编辑的模型，幽默、直观，效果理想。

第三节

植物仿生公共艺术概念设计作业点评

概念设计对环境没有明显要求，但要求造型优美，对功能也要有所考虑。下面点评5个具有代表性的概念设计案例。

作业点评 1：《荷叶田田》（见图 8-18 ）

作者：天津大学管理学院工程管理专业　覃柳淼　指导教师：王鹤

该方案是为时三周的概念设计，不涉及具体环境要求，强调放置于滨水环境即可。作者从欧阳修诗词中的"青盖"萌生创意，利用荷叶形态实现植物仿生公共艺术作品的遮阳乘凉功能，并利用大小变化，制作出荷叶亭和荷叶凳，很好地满足周边人群的休闲交流需求。作者希望在作品中体现"自然与人类社会和谐发展"的主题。材料上选用质量轻、强度高、导热性差的铝合金，集成太阳能电池板满足自身照明，生态属性突出。作者作为一名并无艺术基础的工程管理专业学生，对课堂知识吸收较好，认真学习手工模型制作技巧，最终实现了较为理想的视觉效果。更重要的是，作为一个概念设计，它具有可拓展性。

作业点评 2：《牵牛花·放映机·路灯》（见图 8-19 ）

作者：天津大学微电子学院　殷小迪　指导教师：王鹤

该方案充分利用了牵牛花的天然形态，对茎干进行了拉长处理，以作为周边居民的电影放映机和路灯。方案形式优美、立意新颖，符合植物仿生公共艺术的要求。不足之处在于整体设计比较简单，对如何实现放映机功能缺乏明确图解。牵牛花的形态也未经抽象化处理，过分忠实于原始形态，在制作和维护上会有较大难度，属于有待深入的概念设计。

图 8-18 《荷叶田田》

牵牛花·放映机·路灯

外形

完全开放的紫色牵牛花；
深绿色枝干。

材质

铝合金材质：
易加工，耐久性高，强度较高，装饰效果好，且色
彩丰富。

场地及功能

置于靠近居民区的较开阔场地：
一可作为放映机为附近居民放映电影；
二可作为路灯。

设计者：殷小迪　　　　学院：微电子学院

学号：3016204057

图 8-19 《牵牛花·放映机·路灯》

作业点评 3：《浥尘亭》(见图 8-20)

作者：天津大学管理与经济学部金融学专业　罗亚琳　指导教师：王鹤

方案灵感来自中国传统文化，方案名称来自唐代诗人王维名句"渭城朝雨浥轻尘，客舍青青柳色新"。作者将荷叶的文化内涵，与其伞状结构、功能结合在一起，设计出了广场上的《浥尘亭》。相对于其他方案对荷叶形态的运用，该方案在抽象化上走得更远，完全由几何形叶片模仿荷叶，平添几份现代感。作者选用透明材质以不遮挡视线，设计了雨水采集系统以提升生态意义。在材料上，作者也介绍了采用科技含量高的仿荷叶超分子薄膜的可能性，并提出了更为现实可行的替代方案——绿色钢化玻璃。方案充分发挥了 SketchUp 的优势，效果完整。若能进一步扩展场地边界，结合参照人物，效果会更理想，排版也可以更为充分。

作业点评 4：《等风吹过》(见图 8-21)

作者：天津大学建筑学院环境设计专业　张譲文　指导教师：王鹤

该方案以相对少见的蒲公英为原型，利用植物仿生学原理，打造出位于水池中的装置性公共艺术作品。作品本身高度重视尊重原型，造型技巧成熟，形式优美。集中布置后高低错落，与水体环境结合得十分理想。作品融入风力发电功能，为自身照明供电，这也是被《未来之花》等经典作品反复证明已高度成熟的技术。方案同样使用易于操作的 SketchUp 软件，结合简洁的排版突出视觉效果。

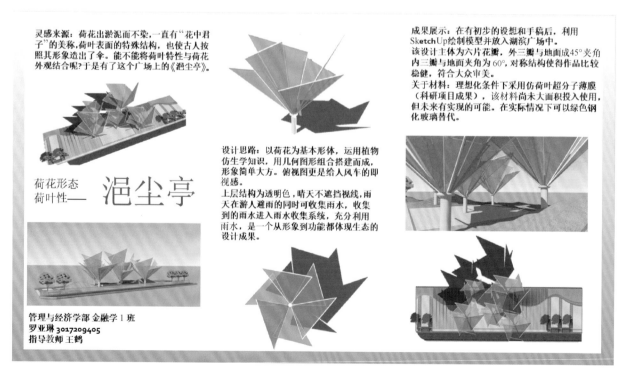

图 8-20 《浥尘亭》

设计理念：

　　以蒲公英为设计原型,将植物仿生学与公共艺术相结合,并且在"蒲公英"的"叶杆"部分设计扇叶,可用风力发电,在夜晚蒲公英的内部由LED点亮,提供一定的照明

建筑学院环境设计专业
张譞文3015206160
指导教师：王鹤

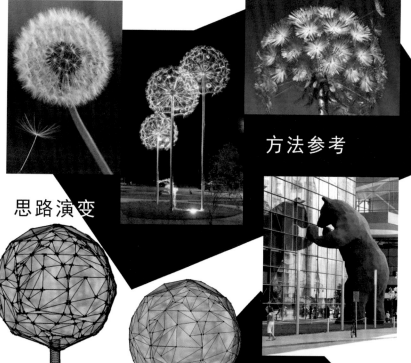

方法参考

思路演变

SKETCH模型顶视图

图8-21 《等风吹过》

作业点评 5：《凤凰木》（见图 8-22）

凤凰木

郑桓 工业工程 3017209028
指导教师：王鹤

灵感来源

设计灵感来源于故乡——福建的凤凰木。"叶如飞凰之羽，花若丹凤之冠"，凤凰木用鲜红或橙色的花朵配合鲜绿色的羽状复叶，被誉为世上色彩最鲜艳的树木之一。

设计说明

作品采用像素化和植物仿生的方法。作品中的树冠部分可选用强度高且透光性能好的亚克力板，顶部可放置太阳能电池板，并且构成树冠的立方体元素中安置光源。白天吸收光源，晚上发光，可充当路灯的作用。作品放置在商业步行街内，可与行人充分地互动，并传达出生态的主题。

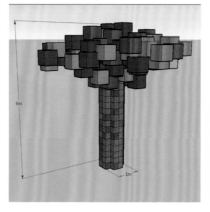

效果示意

图 8-22 《凤凰木》

作者：天津大学管理与经济学部工业工程专业　郑桓　指导教师：王鹤

该方案原型来自作者故乡——福建的凤凰木。这是一种相对来说并不常见的树木，作者总结凤凰木的特点为"叶如飞凰之羽，花若丹凤之冠"。从形态上看，它用鲜红或橙色的花朵配合鲜绿色的羽毛状复叶，色彩鲜艳。作者采用像素化的设计方法，以 SketchUp 为设计工具。利用强度高且透光性能好的亚克力板做树冠基本材料，集成太阳能电池板，满足自身照明需求。作品预想的布置地点是步行街，既能突出生态主题，又符合商业文化。作为非艺术专业的学生，作者还探索使用渲染工具来加强效果，总体上视觉冲击力与表现力都令人满意，如能加入少量参照人，或许更有助于烘托气氛。

小　结

通过设计方法、设计软件（以及手绘、手工模型）等工具的学习，在工作量较少的概念设计阶段，学习者可以做到正确掌握植物仿生公共艺术的设计技能，并与生态主题结合，从而完成质量较高的设计综合训练。

第九章

他山之石——
植物仿生公共艺术设计
综合训练案例解析

"设计与人文——当代公共艺术"（超星尔雅平台）和"全球公共艺术设计前沿"
课程（中国大学 MOOC、智慧树平台）虽然在教学目标和教学内容设计上
有所不同，但这两门课程都将学习者按专业相关度分为通专之间（如建筑学、城乡规
划、工业设计等专业）、专业（如公共艺术、环境设计等专业）以及非专业（如工程管
理、电气工程等专业）三类。本章将分别对这三类学习者的设计综合训练案例按环境
契合度、生态属性、形式美感、功能便利性、图纸表达五个分项进行解析。每个分
项的满分值为 10 分。

建筑学专业学生综合训练案例解析

建筑学专业培养具备建筑设计及群体建筑规划与设计方面知识和能力的宽基础、高素质、具有创新精神和实践能力的高级专门人才——建筑师。

建筑师是古老的职业，在当今社会的经济发展与文化传承中扮演着重要的角色。在公共艺术的发展历史上，建筑师以理性逻辑，以及空间序列、功能体验上的能力，具有显著的地位，如美国的托尼·史密斯（代表作《蛇出来了》）和韩国的李乐居（代表作《消融的列车》）等。

建筑学专业学生的优势在于理性、态度认真，有表现技巧，对空间尺度、人体工学有了解；不足之处在于对艺术创作概论往往缺少了解，很多学生对如何表达艺术主张感到陌生。因此，进行公共艺术设计前应先了解世界公共艺术发展的新趋势，提升审美素养。设计主题侧重于科技、生态等。建筑学专业学生没有接受过三维雕塑造型训练，因此可以用设计手法解决造型问题，如二维、像素化、构成等。下面介绍 5 个建筑学学生的公共艺术设计作业。

案例 1：《生如夏花》（见图 9-1）

作者：天津大学建筑学院　肖赞玉　指导教师：王鹤

介绍：该方案运用植物仿生原理，独辟蹊径地采用了油画风的表现方式，运用不同种类花朵的组合，集成太阳能发电和雨水采集的功能，具有突出的生态属性和形式美感。作者自学 Rhino 软件，受泰戈尔《飞鸟集》中"生如夏花之绚烂，死如秋叶之静美"的启发，主题植物由芦苇改为花，在一定程度上有利于形态的美观。作品材质是铝合金，呈银白色。上端"花蕊"部分是蓝色的灯，用传感器可使其夜间发光照明。同时大面积的"花瓣"上可铺设太阳能板。一部分"花"下增设圆形座椅，供人休息。

环境契合度：7 分

在最终的方案中，作者并没有明确指出所放置的地点，但是通过之前的表述，作者希

图 9-1 《生如夏花》

望将具有净化功能的植物仿生公共艺术作品放置在受过污染的河滨褐地，契合度比较理想。

生态属性：8 分

该方案首先在"花朵"上集成太阳能电池板，用来为自身提供能量，不过从作品比较优美的形态来看，集成的难度不小，或者太阳能电池板的面积太小以致效率不高，这也是大多数类似艺术作品都要面对的折中与妥协。雨水收集也是作品生态属性的重要体现途径。

形式美感：8 分

该方案形式美感十分突出，多种"花朵"的集中布置有新意，花朵造型利用 Rhino 软件构建，达到了比较逼真写实的效果，同时与自然关系密切，带有女性典型的细腻风格，但这并不意味着作者放弃细节表述。不论是对轻质铝合金的运用，还是对不锈钢柱头灯的介绍，都表明作者对材料特性有很深刻的认识，提升了形式美感。

功能便利性：10 分

从功能上看，作品既能实现传统的遮阳功能，还能通过输送、沉降、过滤等步骤实现雨水采集，电力自给自足，功能便利性较为突出。

图纸表达：9 分

作者采用 Photoshop 处理油画风格的效果图，带来新颖的视觉效果，模糊了设计与美术之间的界限，这是值得鼓励之处。不过，在细节（如尺度、功能示意等）方面的缺失降低了创新带来的益处，今后还是应该在感性与理性、效果与信息之间求得更好的平衡。

案例 2：《荷影》（见图 9-2）

作者：天津大学建筑学院建筑学专业　林潇云　指导教师：王鹤

介绍：方案选取荷叶为植物仿生作品的基本造型，设计上注重形式美感。荷叶造型高低

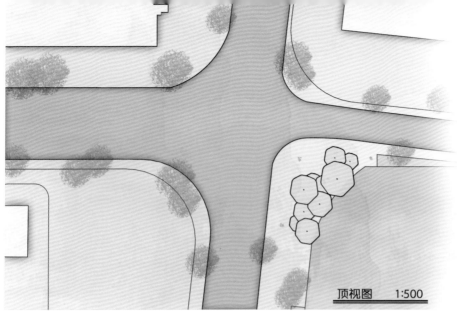

顶视图　　1:500

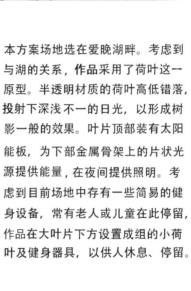

本方案场地选在爱晚湖畔。考虑到与湖的关系，**作品采用了荷叶这一原型**。半透明材质的荷叶高低错落，**投射**下深浅不一的日光，以形成树影一般的效果。叶片顶部装有太阳能板，为下部金属骨架上的片状光源提供能量，在夜间提供照明。考虑到目前场地中存有一些简易的健身设备，常有老人或儿童在此停留，作品在大叶片下方设置成组的小荷叶及健身器具，以供人休息、停留。

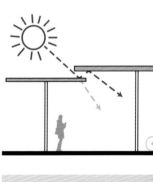

荷影 生态公共艺术设计

建筑学1班　林潇云
3015206009
指导教师：王鹤

图 9-2　《荷影》

西立面图　1:100

错落，利用太阳能板作为底部片状光源，提供照明用电，能够满足人们休闲的需求。这都是植物仿生公共艺术的基本原则，作品充分实现了训练目的。

环境契合度：7分

方案重点针对天津大学卫津路校区爱晚湖畔，从形式上和功能提供上充分考虑到大学校园和位于湖滨的环境特点，环境契合度较为理想。

生态属性：8分

该方案在巨大的荷叶状顶棚上集成了太阳能电池板，将白天吸收的能源用于晚间照明，降低了外部能源输入的成本，降低维护难度，生态属性比较显著。

形式美感：8分

方案本身在设计中注意到了荷叶的基本造型，注意到大小和尺度的高低错落变化，尽可能满足形式美感的要求。不足之处在于基本造型相对不够柔和，一定程度上失掉了植物的柔性特色。虽然这样做可以降低批量制造和维护成本，但是对于独立成组的植物仿生公共艺术作品来说，还是需要进一步改进。实际上在成本、形式、制造工艺等相互冲突时，可以考虑通过设计创新来解决。

功能便利性：10分

方案除了利用大片荷叶状顶棚满足遮阳休闲需求外，还充分考虑到老人和孩童的现实需求，布置了"小荷叶"以供乘坐，以及游乐设施以供玩耍，功能便利性比较完善。

图纸表达：10分

该方案的效果图体现了作者在专业训练中掌握的技巧，底色淡雅，模型准确度高，对环境情况掌握充分，信息标注完整，可作为排版学习的范本使用。

案例3：《巨树》（见图9-3～图9-6）

作者：天津大学建筑学院建筑学专业　张嵩睿　指导教师：王鹤

介绍：本作品与立体构成形式训练之间的关系，在上一章已经介绍过了。这里重点强调这一方案与环境的整体关系及其在生态性上的特点。

环境契合度：7分

该方案挑选巨树造型，造型前卫，积木搭接方式与广场以硬铺装为主、人流巨大的现实结合得很紧密。巨大的尺度看上去比较少见，但与广场的面积成正比。总体来看，方案的环境契合度比较理想。

生态属性：8分

"巨树"结合周边"光能花"（来自现成模型）的太阳能发电技术发电，契合生态主题。不过利用太阳能为射灯这样一种相对落后的照明方式供电不够理想，应该考虑内部嵌入LED光源，以降低能耗，提升安全性。对于作品的材料、工艺等细节交代不够，降低了作

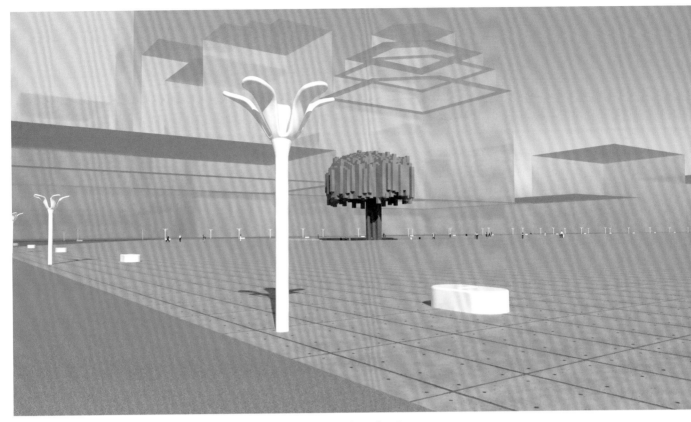

图 9-3 《巨树》局部 1

图 9-4 《巨树》局部 2

品生态属性。

形式美感：8分

作者认为简洁的造型不会给人带来压迫感。事实上，结合构成法则的合理运用，作品本身的形式美感是比较理想的。当然对于低年级学生来说，选择较方正的造型实际上和SU工具的特点有直接关系。这一造型的不足之处在于形态不够美观，与人的尺度关系是否过于对立以影响设计意图，可能是一个在后续设计中有待商榷的问题。

功能便利性：10分

评价这件作品的功能要考虑一些变量，因为周边的座椅和"光能花"也是总体设计的一部分，但是《巨树》本身并无明显功能。可以理解为如此巨大的作品，很难实现一般的功能，但它可以集成遮阳和太阳能发电等功能。作品体积越大，内部空间就会越大，在功能提供上就越有利，新加坡《超级树》已经证明了这一点。

图纸表达：9分

该方案的效果图比较理想，将软件工具的功能发挥得比较充分，底色淡雅，昼夜效果反差明显。不足之处在于设计说明不够详尽，且设计细节较为匮乏，两个问题是一体的，无法割裂开来。因此对公共艺术设计来说，图纸表达与设计方案本身的深度有直接关系，需要在学习时辩证对待。

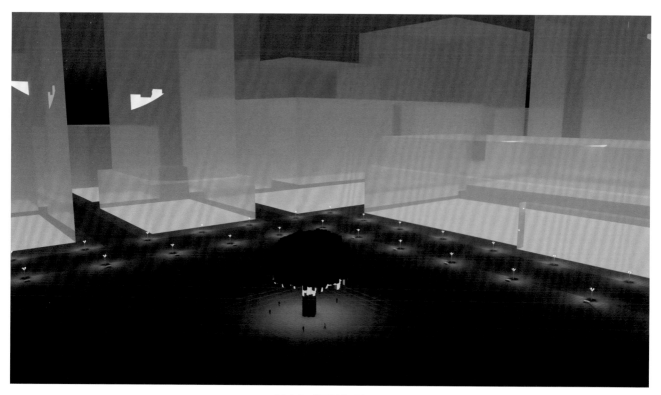

图9-5 《巨树》局部3

BIGTREE + LIGHT FLOWER

作品采用了积木式的设计，尺度比一般公共艺术作品要大，运用简洁明快的两种颜色，给人非常震撼的视觉效果。

作品建在人流量大、商务繁忙、缺少绿化的广场，意在用颜色缓解压力，点缀环境。复古的游戏化风格也能给人带末比较愉悦轻松的心情。

作品设计灵感来源简单，仅仅是一棵树，这种简单的设计不会对人们造成心理上的压迫感。

位于广场周围的《Light Flower》（光能花），花蕾顶部由白色太阳能板制成，用于吸收白天的光能，并给座椅上的无线充电板和夜晚的"光能花"供电。

夜晚有四盏探照灯将《巨树》照亮，此电能也来源于白天"光能花"吸收并储存的太阳能。

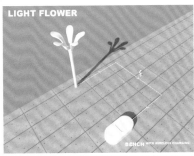

LIGHT FLOWER

BENCH WITH WIRELESS CHARGING

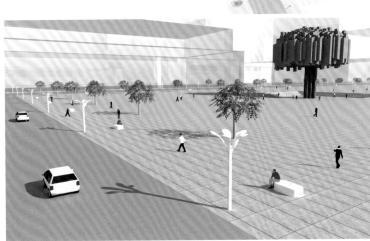

班级:17级建筑学4班 姓名:张嵩睿 学号:3016201175 指导教师:王鹤

图9-6 《巨树》

案例4:《蒙德里安树》(见图9-7和图9-8)

作者:天津大学建筑学院建筑学专业 张宇 指导教师:王鹤

介绍:该方案选址美国马里兰州海厄茨维尔(Hyattsville)乔治王子商业街中段的休闲广场。这是一个由建筑围合的半开放空间,具有典型的商业街线性空间形态特征与浓郁的商业氛围。作者选取西方现代艺术中极具影响力的风格派艺术大师蒙德里安的《红树》系列开展设计,综合使用平面拉伸、视错觉及立体构成手法完成该设计。作品综合考虑灯光设计,使用半透明材料,光线可从中透出,具有朦胧的夜景效果。

环境契合度:7分

作者根据场地文化背景与空间形态挑选设计方法,使作品与商业街的主要交通流线保持一致,保证了主要功能的实现,并具有丰富的视觉效果。根据商业街快节奏、现代化的氛围,作者挑选现代抽象派大师的经典作品进行处理变化,与人文环境也有很好的契合。

生态属性:8分

蒙德里安的艺术在现代设计各领域都有广泛应用,如里特维尔德设计的什劳德住宅和伊夫·圣洛朗设计的蒙德里安裙。"红树"通过厚度拉伸和适应环境的处理后,能够有效增添商业街的人文气息,同时起到向大师致敬的效果。从另一个角度来说,利用公共艺术再造植物形态也是近年来世界范围内的流行趋势,带有植物仿生学的生态意蕴。

图9-7 《蒙德里安树》1

场地分析　SITE PLAN

该方案的场地选定在美国马里兰州海厄茨维尔的乔治
王子广场。

一个1959年开始营业的购物商业中心。该购物中心在
20世纪70年代暂停营业，后被重新命名为"乔治王子商业
街"，以一种更大的规模重新开张。

"蒙德里安树"的位置选定在该商业街中段的休闲广场

概念分析
CONCEPTION

希望运用平面拉伸、视错觉以及立体构
成的手法完成该公共艺术的设计。

选择蒙德里安"树"系列较早的一幅具
有代表性的作品作为平面拉伸的基础图案，
希望从不同角度有不同的形状，而一旦置身
正前方，便会发现这是蒙德里安的代表性
作品。

作品加入灯光设计的元素，以呼应原
画作的色彩。作品整体运用半透明材料，
灯具装在内部，光线从内部透出，但并不
直接，因而产生一种朦胧感。

将该作品放置在商业广场，旨在使一
个商业性的地方增添人文气息，同时用这
种方式向风格派大师蒙德里安（Mondrian）
致敬。

平面尺寸图
PLAN

"灰色的树"是蒙德里安
对一系列立体构成自然法
则的最早运用案例之一，
这些法则是他以自己的方
式总结的。

指导教师：王鹤
学生姓名：张宇
学号：30122060080
建筑学院2012级建筑学3班

图9-8 《蒙德里安树》2

形式美感：9分

厚度拉伸是重要的二维公共艺术设计方法之一，从"LOVE"等相对简单的字母型，
到阿尔普等几何形体艺术，形式多样，极大拓展了现代公共艺术设计的思路。该作品很大程
度上借鉴了德国摄影艺术家卡梅利西斯在《贝多芬》中开创的手法，将绘画作品的笔触进行
厚度不一的拉伸，从而制造立体效果。这种方式依赖于环境与原始图像的质量，作者挑选的
"红树"本身具有出众的形式感，拉伸后符合均衡、韵律和调和等多种形式美法则，视觉效
果理想。

功能便利性：8分

近年来位于商业街上的优秀公共艺术都会或多或少地考虑功能，以便为人流提供服务
（或休息或标示），这也是一种融入环境、与人互动的途径。因此，缺少相应功能考虑可能是
该方案主要的不足之处。不过照明功能也可以在一定程度上弥补这一缺憾。

图纸表达：10 分

工作量充足，主透视图效果准确、突出，氛围真实。场地分析翔实，概念分析简明、清晰，信息标注完整。排版风格清新淡雅，图纸表达总体达到了很高的质量。

案例 5：《海港观景亭》（见图 9-9 和图 9-10）

作者：天津大学建筑学院建筑学专业　应亚　指导教师：王鹤

介绍：该方案选址日本横滨港区的游客接待中心前广场，以提供一件具有避雨、遮阳功能的遮蔽物为设计出发点，同时兼具生态意义和艺术美感。

环境契合度：8 分

从大环境角度来看，作品与海滨环境的内涵高度契合。从小环境角度来看，多变的曲线为以硬铺装为主的环境增添了活跃的气氛，环境契合度非常理想。

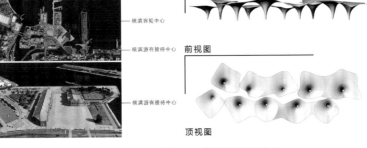

图 9-9 《海港观景亭》1

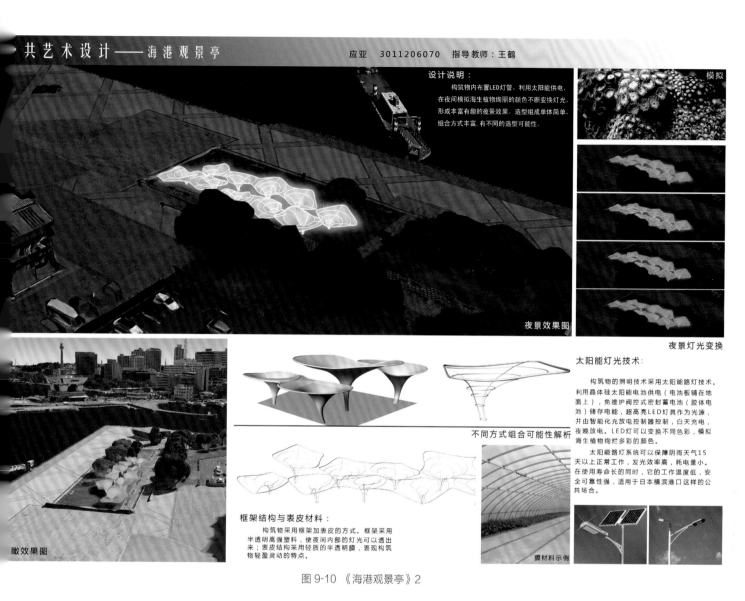

共艺术设计——海港观景亭　　　　应亚　3011206070　　指导教师：王鹤

设计说明：
构筑物内布置LED灯管，利用太阳能供电。在夜间模拟海生植物绚丽的颜色不断变换灯光，形成丰富有趣的夜景效果。造型组成单体简单，组合方式丰富，有不同的造型可能性。

模拟

夜景效果图

夜景灯光变换

太阳能灯光技术：
构筑物的照明技术采用太阳能路灯技术。利用晶体硅太阳能电池供电（电池板铺在地面上），免维护阀控式密封蓄电池（胶体电池）储存电能，超高亮LED灯具作为光源，并由智能化充放电控制器控制，白天充电，夜晚放电。LED灯可以变换不同色彩，模拟海生植物绚烂多彩的颜色。
太阳能路灯系统可以保障阴雨天气15天以上正常工作，发光效率高，耗电量小。在使用寿命长的同时，它的工作温度低，安全可靠性强，适用于日本横滨港口这样的公共场合。

不同方式组合可能性解析

框架结构与表皮材料：
构筑物采用框架加表皮的方式。框架采用半透明高强塑料，使夜间内部的灯光可以透出来；表皮结构采用轻质的半透明膜，表现构筑物轻盈灵动的特点。

膜材料示例

瞰效果图

图9-10 《海港观景亭》2

生态属性：8分

作品表皮为半透明材质，采用相当成熟的晶体硅太阳能电池板为内嵌的LED灯具照明，并采用智能化充放电控制器保证白天充电和夜晚放电的高效率。能耗低，维护成本低，视觉效果突出，生态意义显著。

形式美感：9分

采用植物仿生原理，借鉴浮萍这种海生植物造型，曲线流畅，视觉形态丰富，同时还可通过多变的夜间照明模仿海生植物的多变色彩，昼夜间效果都具有突出的形式美感。

功能便利性：8分

提供了充足合理的休息、遮阳、挡雨功能，能够充分满足游客及周边公众的需求，功能便利性突出。

图纸表达：10分

工作量充足，信息量大，总体效果均衡、稳重。场地调研充分翔实，形式生成过程清晰，灵感来源明确。鸟瞰图与人视图效果理想。对技术细节的说明详尽客观，兼顾昼夜间不同视觉效果更是亮点之一。

第二节 环境设计专业学生综合训练案例解析

案例1：《树叶小站》(见图9-11)

作者：天津大学建筑学院环境设计专业　杜建星　指导教师：王鹤

介绍：作者探索将遮风挡雨的候车站设计为树叶的样子，并在此基础上提供各种功能，在大的思路上很正确，在一些细节上还有待完善。

环境契合度：8分

作品布置在路边、街道之类的都市寻常空间内。当代的年轻设计师对于街道设施所应该提供的功能有自己的认识。从比较小巧的尺度和相对齐全的功能上，可以看出作品的环境契合度较高。

形式美感：8分

作品形式优美，富有曲线韵律。如果说有何需要改进之处，可能还是相对纤细的结构与承重之间的矛盾，特别是茎干内部还要集成各种管路，矛盾可能会更为突出。从性能上考虑也许使用碳纤维比较可行，目前设想的铝合金可能难以胜任。但如果要考虑量产的需求，有些部件是否难以成型，是否会不利于维护，是否容易弯折损坏，都需要深入分析。

生态属性：7分

作者在设计中无疑融入了当代青年学生对社会交流、个人空间的看法，在很多设计都主张加大人际交流、避免孤独的背景下，作者却希望设计仅供一人使用的候车站，来享受孤

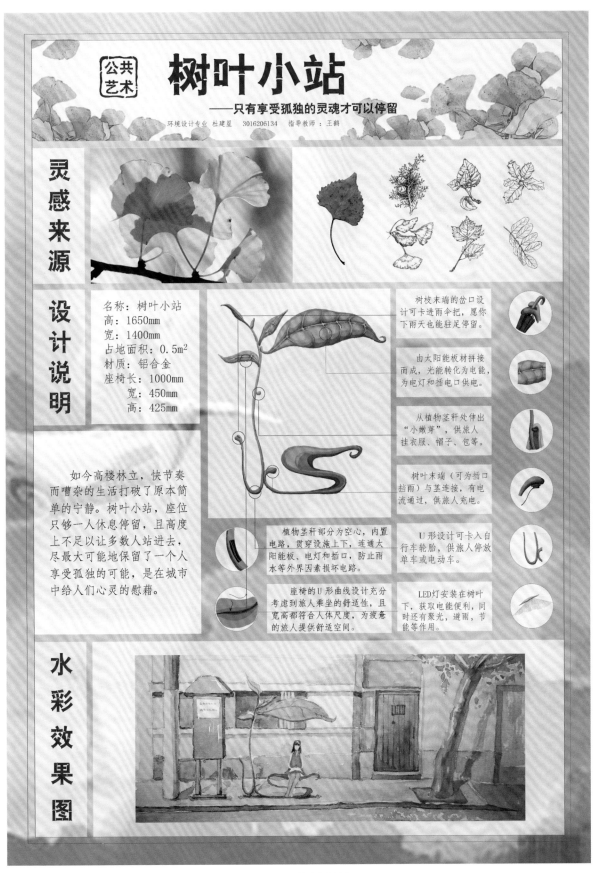

图 9-11 《树叶小站》

153

独和寻求心灵慰藉，很有趣味，也体现出设计思维中的代际差别。不过考虑到街道的实际情况，仅供一人使用的小站确实理想温馨，但是在繁忙拥挤的现代都市街头可能缺少功能的扩展性。在很多亚洲城市连女性专用地铁车厢都难以推广的背景下，将这种昂贵、利用率低的艺术化设施普及是有困难的。

功能便利性：8 分

除了传统的乘坐、照明、遮阳挡雨功能外，作者还设想了在作品上集成雨伞收纳、供旅客挂衣物、为手机等智能设备充电以及停放自行车的卡槽，这些都是随着智能手机普及和共享单车发展而出现的新功能，符合未来发展趋势。

图纸表达：8 分

作者参考了多种植物样式，并运用细腻的手绘表达出来，造型准确，细节丰富，色调淡雅，有助于完整、清晰展现自身设计思路，很好地体现了艺术专业的特点，也充分达到了训练目的。

案例 2：《可开合自动降解香蕉皮公共艺术设计》(见图 9-12 和图 9-13)

作者：天津大学建筑学院环境设计专业　赵烨　指导教师：王鹤

介绍：该方案造型新颖，对香蕉这一植物果实的形态合理借鉴运用，巧妙实现生态主题，达到设计初衷，体现出与其他同类作品的不同之处。

环境契合度：7 分

该作品突出功能性，环境契合度不是重点，主要布置于广场等人流密集的区域。

生态属性：8 分

与大多数类植物仿生作品不同的是，该作品重点不在于太阳能发电，而是将生物降解技术应用于垃圾桶。作者参考了大量资料，精心设计了由除臭装置、排气泵、添加菌种的降解槽等环节组成的垃圾自动降解系统。处理后的废物可以入土，促进植物生长。

形式美感：8 分

作品本身的形式美感比较理想，不足在于形态上过分忠实于香蕉的原始形态，没有对其进行更多的合理转化，导致产生基座稳固度不高、整体造型工艺生产难度大等问题。

功能便利性：10 分

作品功能设想巧妙，不足之处在于系统复杂度过高。处理垃圾时，系统保持温度很有必要，但不一定需要依靠"外皮"合拢，那样带来的成本会过于高昂，这方面也不乏失败的例子。

图纸表达：9 分

作品很好地体现出艺术专业学生擅长手绘的特点，结构准确，透视合理，用色淡雅考究，画面令人舒适。不足之处在于排版几经修改，在视觉传达上依然有需要改进之处。另

可开合自动降解香蕉皮公共艺术设计

指导教师　王鹤
环境设计专业
赵烨
30172061480

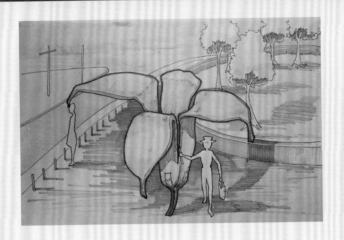

1.灵感来源

公共艺术特性：功能性，社会性。普通垃圾桶：死板沉闷，无警示意义。

本次作业要求：基于生态的公共艺术设计。

2.想法与思路

从社会问题出发：现如今，生活垃圾（如香蕉皮）随地乱扔现象仍存在，作品倡导共营良好生态环境。香蕉皮这一具体形象作为暗示与号召，特别是直接将其作为一项公共艺术与垃圾桶结合，具有一定的社会性。

从公共艺术的意义出发：我认为较好的公共艺术是与功能相结合，社会效应相结合的。为了使我的作品有一定的意义，我采取了"开合的香蕉皮"这一形象。

3.材质与说明

开合后形成阴影区，感应人来人往。自动垃圾传送装置将垃圾放入降解槽降解；除臭装置和排气泵用于净化并泵出设备中的废气。使用时，只要将生活垃圾投入已添加适量降解菌种的降解槽内，就可以自动控制降解槽温度，使其保持在一定范围内，自动搅拌、除臭、排气。

4.位置

广场。将广场雕塑与景观元素融为一体，提供导向与强调作用。

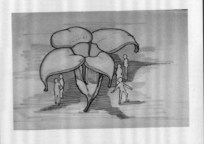

5.总结

本作品是基于垃圾桶的公共艺术作品，将功能性与社会性相结合，为公共艺术与公共设施的结合提供了一种可能。

图 9-12 《可开合自动降解香蕉皮公共艺术设计》初稿

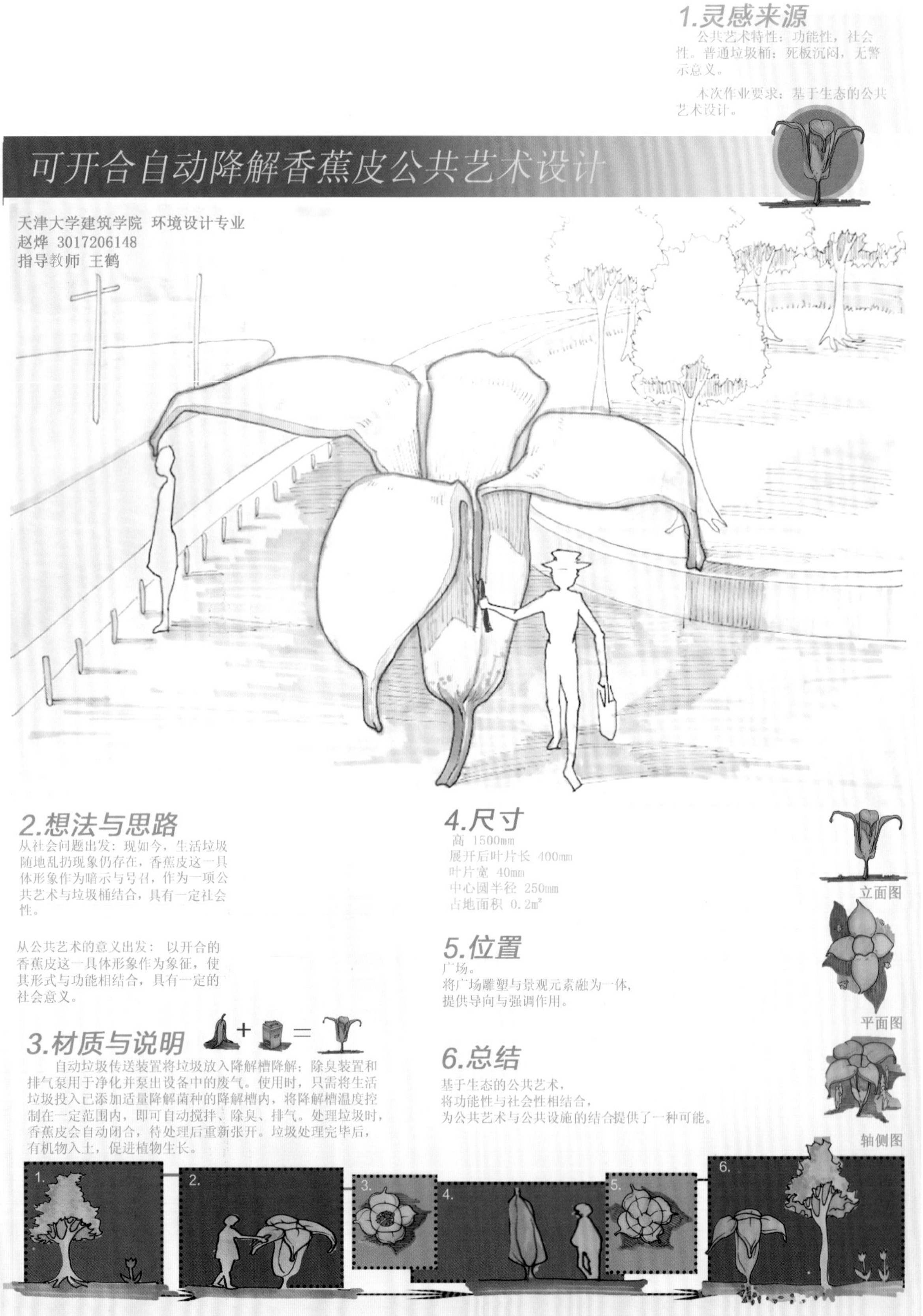

可开合自动降解香蕉皮公共艺术设计

天津大学建筑学院 环境设计专业
赵烨 3017206148
指导教师 王鹤

1.灵感来源

公共艺术特性：功能性，社会性。普通垃圾桶：死板沉闷，无警示意义。

本次作业要求：基于生态的公共艺术设计。

2.想法与思路

从社会问题出发：现如今，生活垃圾随地乱扔现象仍存在，香蕉皮这一具体形象作为暗示与号召，作为一项公共艺术与垃圾桶结合，具有一定社会性。

从公共艺术的意义出发：以开合的香蕉皮这一具体形象作为象征，使其形式与功能相结合，具有一定的社会意义。

3.材质与说明

自动垃圾传送装置将垃圾放入降解槽降解；除臭装置和排气泵用于净化并泵出设备中的废气。使用时，只需将生活垃圾投入已添加适量降解菌种的降解槽内，将降解槽温度控制在一定范围内，即可自动搅拌、除臭、排气。处理垃圾时，香蕉皮会自动闭合，待处理后重新张开。垃圾处理完毕后，有机物入土，促进植物生长。

4.尺寸

高 1500mm
展开后叶片长 400mm
叶片宽 40mm
中心圆半径 250mm
占地面积 0.2m²

5.位置

广场。
将广场雕塑与景观元素融为一体，提供导向与强调作用。

6.总结

基于生态的公共艺术，将功能性与社会性相结合，为公共艺术与公共设施的结合提供了一种可能。

立面图

平面图

轴侧图

图 9-13 《可开合自动降解香蕉皮公共艺术设计》修改后方案

外，从人体工程学的角度考虑，作品与人的尺度关系也有待统一和清晰，有时过大，有时过小，反映出对空间尺度认知的不足，需要在今后加以弥补。

案例3：《落叶景亭》（见图9-14和图9-15）

作者：天津大学建筑学院环境设计专业　唐柯炎　指导教师：王鹤

介绍：《落叶景亭》是一个比较典型的重形式的设计案例，作者从场地中的落叶寻求灵感，形成一个链接空间的框架，提供遮阳和玩耍等众多可能，形式优美，功能完善。

环境契合度：10分

设计的最大优点就是与场地契合紧密，从形式上和功能上都体现出了这一点。但除了空间形态关系外，是否可以从人文中找一些关联，关乎作品含金量能否得到提升。

形式美感：9分

作品形式优美，富有曲线变化，镂空处理形成丰富的光影变化，体现出艺术专业同学一贯的优势。

生态属性：9分

该方案能够提供充分的遮阳功能，同时利用太阳能电池板满足自身照明所需能源，充分实现节能减排目标。同时作者还利用尺度变化，模仿天然叶片形态，设计出高低错落的人工树林，以适应绿地环境，生态属性突出。

功能便利性：8分

作品在功能上中规中矩，能够实现遮阳和空间限定等功能。特别是在材料上考虑比较周全，但细节还可完善，如发光电管是否为LED，电镀合金灯管用途是否合适，都有进一步完善的可能。

图纸表达：7分

在排版上，方案也体现出训练成果，逻辑较为清晰，内容完整，底色淡雅，效果图冲击力强。不足之处在于设计说明文字有限，有时文图不匹配，有时深度不足，而且部分分析图与作品本身的关联并不紧密，影响了作品主题的升华，难以与单纯设施拉开层次，这些应当是今后改进的重点。

案例4：《铁路主题公共艺术设计》（见图9-16）

作者：天津大学建筑学院环境设计专业　马瑞阳　指导教师：王鹤

*介绍：*该方案来自本科毕业设计的一部分，作者以铁路元素为主题，基于塘沽南站地块的历史文脉开展公共艺术设计。作者这样介绍自己的设计："北广场北部设置有数个5～15m高的树形公共艺术装置，这些装置将铁道上的信号标志牌作为元素，构成一个树形公共艺术作品群。每个作品周边都有半围合式的座椅，并设置有信号标志讲解牌，方便对

公共艺术作业展示——方案及分析

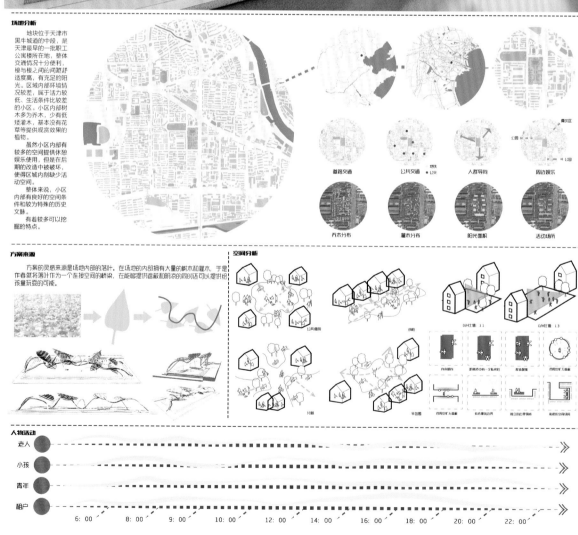

图 9-14 《落叶景亭》1

公共艺术 作业展示——方案及分析 建筑学院环境设计专业 唐桐炎 3015206149 指导教师：王鹤

材质分析

- 陶瓷管
- 发光灯管
- 电镀合金钢管

能源示意

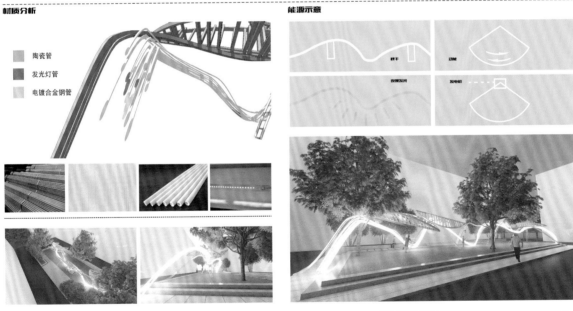

图 9-15 《落叶景亭》2

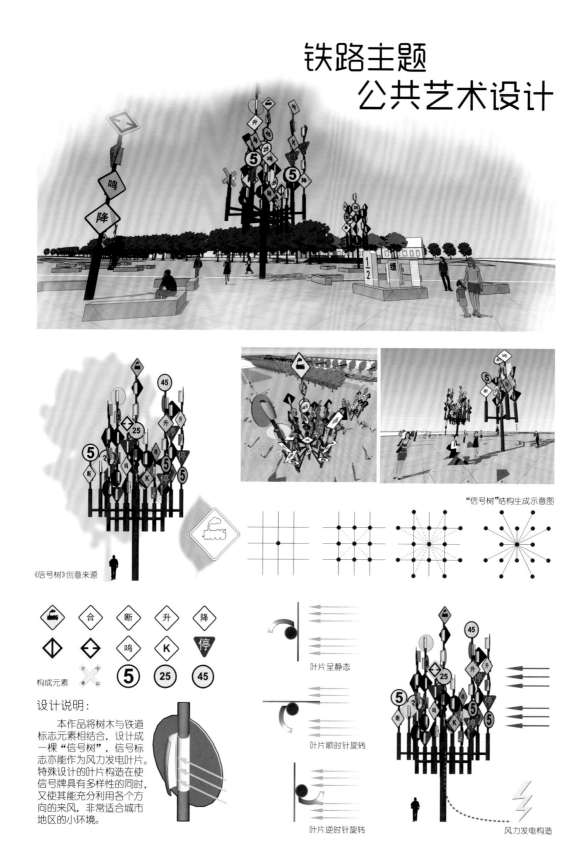

铁路主题
公共艺术设计

"信号树"结构生成示意图

《信号树》创意来源

构成元素

设计说明:

　　本作品将树木与铁道标志元素相结合，设计成一棵"信号树"，信号标志亦能作为风力发电叶片。特殊设计的叶片构造在使信号牌具有多样性的同时，又使其能充分利用各个方向的来风，非常适合城市地区的小环境。

叶片呈静态

叶片顺时针旋转

叶片逆时针旋转

风力发电构造

图 9-16 《铁路主题公共艺术设计》

市民进行铁道知识的科普。同时，每个信号牌也是一个风力发电叶片单元，一个作品有数个到数十个发电叶片，这样能够产生一定的电力，以维持树形装置附近的灯光等设施。由于天津处在温带季风气候带，风向并不固定，因此我采用了垂直轴风力发电机，这样可以不用考虑对风问题，并且可以有效地将各个方向的来风转化为电能。"

环境契合度：8分

作品对塘沽南站地块的历史文脉进行了动态性的低冲击开发，艺术性、功能性并重，紧扣铁路主题，总体达到了较高的设计水平。作品充分考虑到了天津滨海新区的风力特点，技术细节合理，环境契合度高。

形式美感：9分

作品在设计上运用现成品复制的方法，以信号牌为代表的元素使用合理，视觉印象深刻。作品对植物模仿的程度较高，"树叶"之间的高低错落处理得当，色彩搭配科学，形式美感较为突出。

生态属性：9分

作者在整个毕业设计中实现了风动、水动等清洁可再生能源的应用，符合公共艺术发展的必然趋势。在该作品中，作者高度重视能动性和功能性，强调运用清洁能源和长时间免维护技术，对技术细节有深入考量。

功能便利性：7分

作品作为场地入口广场的标志性公共艺术作品，并不将功能作为主要设计出发点，但依然具有风力发电供自身照明的功能。如能结合 Wi-Fi 接入或信息触屏等功能，可能会更满足旅游者的需求。

图纸表达：8分

与 3D 建模效果相比，作者比较充分地发挥了 SketchUp 软件的特点。在没有渲染的情况下，由于对诸要素介绍完整，图纸表现依然具有清晰完善的视觉效果。白色的底色结合横向构图的排版平实无华，但细节充分，值得参考学习。

案例5：《设计思想之树》（见图 9-17 和图 9-18 ）

作者：天津大学建筑学院环境设计专业　谢春旭　指导教师：王鹤

介绍：该方案是设计课程"书吧设计"的组成部分。《设计思想之树》借鉴了波士顿《人造树》的诸多特点，实际上也体现了植物仿生公共艺术与室内外空间结合的巨大潜力。"树木"贯穿三层空间，可以存放书籍，也可以借助太阳能与读者互动，具备一定的智能特点。

环境契合度：8分

作品本身从形态上与三层的书吧设计紧密结合，并从结构上与建筑紧密结合，既服务读者，又在客观上起到了支柱的作用，环境契合度非常高。

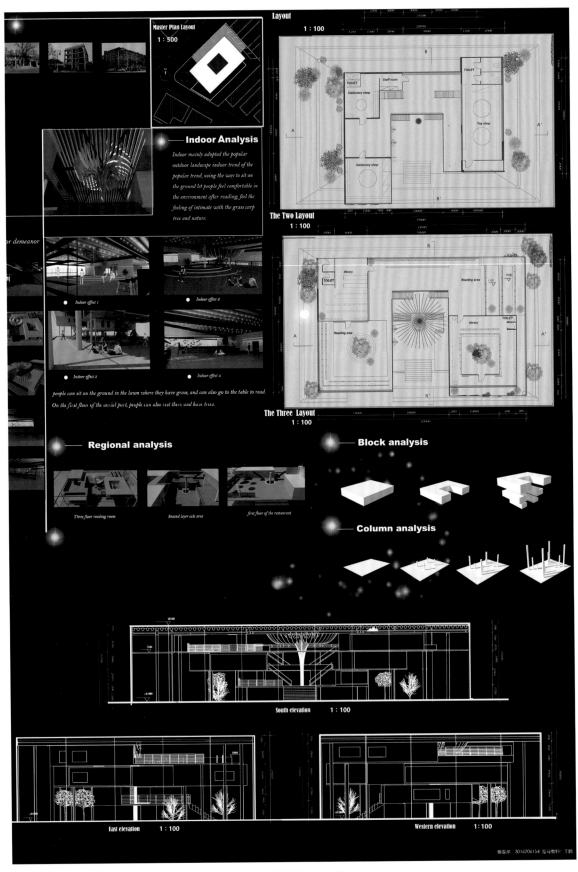

图 9-17 《设计思想之树》1

图 9-18 《设计思想之树》2

形式美感：9分

作品在形式上采用了可以有效减少占地和材料损耗的二维板材插接方式，形式简洁新颖，能够将空气质量和室内温度状况体现为丰富的色彩，进一步提升形式美感。

生态属性：9分

作品利用顶部的太阳能电池板发电，提升生态属性。通过色彩变化显示室内空气质量和温度，也有助于唤起读者的环保意识。

功能便利性：7分

作品实际上更多借鉴了声光电互动公共艺术的精髓，能够与游客和建筑环境在诸多层面展开互动。不过在功能上还有发掘空间，如此大尺度的作品，在结构上其实可以满足更多功能需求。

图纸表达：8分

作者在排版上采用了少见的黑底色，增强了画面视觉冲击力；效果图也选择夜景，整体艺术氛围浓厚，体现出艺术专业的特点。由于周期更长，因此作者工作量充分，信息标注完整。设计说明大量运用英文体现了国际化特点，适合参加国际竞赛，但部分英文标注的准确性有待提升。

第三节 工程类专业学生综合训练案例解析

案例1：《空气集水》（见图9-19～图9-22）

作者：天津大学管理与经济学部工业工程专业　曹可欣　指导教师：王鹤

介绍：该方案有两点值得一提之处。一是作品灵感来源于动物和植物的双重仿生，即在形式上模仿植物，在内在机理上则模仿特定动物，体现出作者在公共艺术创作训练中引入前沿科技的突出优点。二是作者作为一名文科专业学生，能够结合中学阶段进行的科学实践，自学表现软件，在课程上学习设计知识，完成集新颖性、科学性、实用性和艺术性于一身的公共艺术训练，体现出非艺术专业学生在艺术修养与设计技能方面的可能。

空气集水 Air Catchment

设计与人文——当代公共艺术
天津大学17级工业工程1班
曾可欣 3017209004
指导教师：王鹤

天津大学17级工业工程1班
曾可欣 3017209004
指导教师：王鹤

1 灵感来源

纳米布甲虫

> 高中阶段曾基于纳米布甲虫进行仿生设计，开发了一种空气集水装置。在学习了当代公共艺术知识后，希望将两者结合起来，设计出一个具有空气集水功能，并能体现创新性和环保性的公共艺术作品。

2 集水原理

> 纳米布甲虫主要生活于纳米比亚的沙漠中，其背壳上有一种超级吸水纹理，可以从空气中吸取水蒸气。当夜晚降临的时候，甲虫会背朝着风来的方向，当吸水区的水珠汇聚后，就会沿着弓形后背滚落入纳米布甲虫嘴中。

3 设计理念

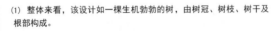

仿生设计　　　科技创新　　　节能环保

4 设计说明

(1) 整体来看，该设计如一棵生机勃勃的树，由树冠、树枝、树干及根部构成。

(2) 树冠部分是一个白色半透明的顶棚，仿照纳米布甲虫背部构造和材料，设置吸水性凸起及疏水性凹槽，一方面带给人们视觉舒适感，另一方面提高空气集水效率。

(3) 树枝、树干为中空导流管，上端与顶棚周边引流槽相连。树根部为小水池。凝结水通过导流管流入小水池，象征着水分滋养树根。将空气集水效果展现在行人面前，吸引行人休憩休闲，增强互动性。

(4) 树干部分的三个支柱呈三角形，增添稳定感；如水波般平滑的曲线增添柔和感。

(5) 白色基调是为了凸显现代感及科技感，简洁大方。

(6) 顶棚上设有太阳能板、照明及声光控制系统，形成夜间景观，并为游人照明，增强适应性和环保性。

5 预期效果

由一件公共艺术作品引领一种科技环保潮流，在为人们提供一个休憩休闲场地的同时，引发人们对水资源、太阳能等资源开发利用的思考，激发人们对仿生、科技创新的兴趣，引发人们对环保的关注。

图 9-19 《空气集水》初稿

图 9-20 《空气集水》1

公共艺术设计----空气集水 Air Catchment

指导教师：王鹤
天津大学17级工业工程1班
曹可欣 3017209004

作品通过动植物仿生设计的设计方法，使整体如一棵生机勃勃的树，由树冠、树枝、树干及树根构成。树冠部分是一个浅蓝色半透明的顶棚，仿照纳米布甲虫背部构造和材料，设置吸水性凸起及疏水性凹槽，一方面带给人们视觉舒适感，另一方面提高空气集水效率。树冠下方为摆放躺椅预留空间，为行人提供遮阳休息场所。树枝、树干为中空导流管，上端与顶棚周边引流槽相连。树根部为带有防尘罩的小水池。凝结水通过导流管流入小水池，象征着水分滋养树根。将空气集水效果展现在行人面前，可吸引行人休憩休闲，增强互动性。树干部分的三个支柱呈三角形，增添作品的稳定感；如水波般平滑的曲线增添作品的柔和感与形式美感。三个树干分别设有不同高度的喷水式水龙头，为海边不同高度的行人提供饮用水，增强作品的实用性与交互性。白蓝色基调是为了凸显作品的现代感及科技感，简洁大方。顶棚上设有太阳能板、照明及声光控制系统，形成夜间景观，并为游人照明，增强作品的适应性和环保性。

公共艺术设计
空气集水
Air Catchment

指导教师：王鹤
天津大学17级工业工程1班
曹可欣 3017209004

图 9-21 《空气集水》2

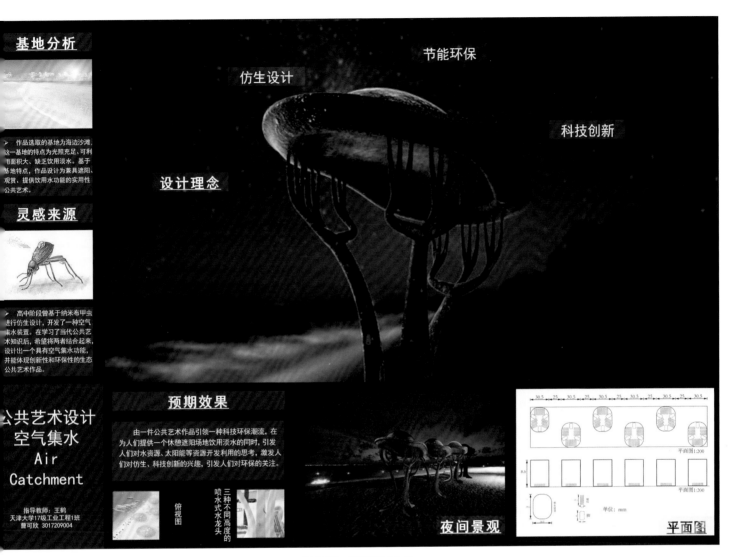

图 9-22 《空气集水》3

环境契合度：8 分

作者将作品设计于海滨有着明显的环境考量，即海滨沙滩是缺少淡水但游人众多的地方，而且光照充足能够提供能量和清洁淡水，环境契合度比较理想。

形式美感：9 分

作者自学建模技术，完成了兼具动植物特征的造型，应当说具有较高难度，特别是实现一些细部功能型结构，很考验能力，最后完成的效果充分考虑到昼夜间的景观需求，尺度适宜，形式美感达到训练要求。

生态属性：8 分

作品实现生态属性的方式很新颖，它借鉴了纳米布甲虫基于昼夜温差的吸水原理，结合植物仿生设计理念，利用树木形式，通过顶棚引流槽、导流管、水池等结构从空气中采集雨水，采用太阳能发电满足自身用电需求，具有较为突出的生态属性。

功能便利性：6分

应当说这件公共艺术作品在功能提供方面是比较偏向休闲甚至享受的，它能够为海滨休闲人士提供遮阴场所，并提供清洁淡水。休闲功能很重要，但如果能更具有人文关怀，将水分收集功能应用于沙漠等区域，保障人们的生命安全或为重要设备供水，甚至进行沙漠绿化，可能会更有意义。

图纸表达：9分

作者最初对排版和表现完全不了解，经过小作业的训练和多次排版修改后，在字体、效果图和设计说明等方面取得了长足进步，最后完成的图纸工作量充实、细节丰富，体现出较强的学习能力。

案例2：《海棠花荫》（见图9-23和图9-24）

作者：天津大学管理与经济学部工程管理专业　夏凡　指导教师：王鹤

介绍：该方案是作者针对类植物仿生公共艺术开展的设计训练。从原型上，选取天津大学校花海棠。从数量和布置地点上都体现出侧重功能、注重搭配的鲜明特点。

环境契合度：7分

作品选址天津大学北洋园校区，结合大学校园对公共艺术特殊的功能需求，挑选新元中路和青年湖中间的位置，位于食堂和图书馆附近，人流较为密集，普遍有观景和休闲的需求。在这样的环境中，对类植物仿生作品的欣赏和利用效率都更高，环境契合度较为理想。

形式美感：8分

该作品在造型和色彩上都高度忠实于海棠花原型，这一设计思路带来的优点就是形式美感较为突出，因为植物原型就是一种比较美的花。为了更好适应不同功能，作者还设计了6片花瓣和8片花瓣两种规格。底部LED也特别设计为花蕊的形态，不禁令人想起《莲花充电站》中的创意。底部的座椅和垃圾桶也进行了色彩和形态上的优化处理，进一步丰富了形式美感。但这一策略也会导致成本较高，部分结构脆弱易损坏，可能需要一些结构补强，或者利用碳纤维等强度更高的材料。

生态属性：8分

与大多数类植物仿生作品一样，该作品首先在海棠花瓣顶棚上集成了太阳能电池板，将白天吸收的能源用于晚间照明，提升了清洁能源的利用属性。同时，作品还尽可能集成了垃圾桶，以提高人们对可循环利用资源的重视。

功能便利性：8分

从功能上看，作品成组集中布置，休闲和垃圾桶的功能相互补充，而不是将太复杂的

设计说明：本方案采用了类植物仿生的设计方法，设计了八座海棠花造型的公共艺术作品，兼具美观性与实用性。作品顶部海棠花瓣形的设计提供了遮阳功能。靠近新元中路的四座作品以垃圾桶作为底座；靠近青年湖一侧的四座作品采用座椅作为底座，满足了人们休息与观景的需求。

灵感来源：本方案的灵感来自天津大学的海棠花。海棠花的花瓣数量为五片以上。垃圾桶的顶部设置了六片花瓣；座椅的顶部，为了取得更好的遮阳效果，设置了八片花瓣。

图 9-23　《海棠花荫》1

位图

场地分析: 场地位于北洋园校区太雷广场。西南侧靠近青年湖;东侧临近学三、学五食堂及郑东图书馆,人流量较大;北侧紧邻大通学生中心。离开大通的学生及路过的行人有休息和观景的需求。

人视点夜间效果图

设计说明: 作品在夜间还兼具照明功能,三个球形的"花蕊"为三个电灯。"海棠花"向上的一面安装有太阳能电池板,能够将日间的光照转换为电能,供夜间提供照明。

垃圾桶及座椅的高度依据人体尺度进行设计。垃圾桶模仿了陶土花盆的形状和颜色,既突出了生态主题,又使得其与海棠花的结合不显得突兀。

座椅设计成弧形使人不会在座椅上久留。座椅分别设计了单人、双人及多人座位,富有设计感和趣味性。不带靠背的座椅满足观景的需要,带有靠背的座椅增强安全感,满足了交谈的需求。

《SHADOW OF BLOSSOM》生态公共艺术设计

图 9-24 《海棠花荫》2

功能集于一身，这是该作品在设计上的成功之处。作者将座椅设计得圆润，以免人们坐得过久，但作品位于大学校园内，无须考虑此类状况，应该加以修改。

图纸表达：9分

该作品的效果图效果，对非艺术专业学生来说殊为难得。不论是作品本身的建模过程，还是与环境的结合都比较理想，只是模型的光照效果和投影逼真度不高。排版在经过几次修改后，达到了底色与图像配合得当，信息细节标注完整的程度，只是在信息传达的序列上还应当进一步迎合大众习惯。

案例3：《叶》(见图9-25)

作者：天津大学自动化学院电气工程专业　徐瑞凯　指导教师：王鹤

*介绍：*该作品以含羞草为原型，力求在外观设计和功能提供上获得平衡。一方面，含羞草的叶片设计形式优美，色泽鲜艳明快，同时高度模数化的叶片也便于数字化设计和制造。另一方面，叶片上设置太阳能电池板，获取清洁能源为周边和基座的光源供电，减少外部接入能源，降低维护成本，体现生态意义。

环境契合度：7分

作品并没有拘泥于特定环境，只是简单构建花坛等周边环境，但是植物仿生公共艺术作品本身对环境要求就低，可以布置在狭窄、人流密集的环境，因此这不算问题。

形式美感：8分

植物仿生公共艺术灵感来自于植物的天然形态，因此仿真的合理度是形式美感考核的主要指标。该作品色彩鲜艳，形式忠实于植物原型，视觉感十分突出。

生态属性：9分

该作品利用含羞草的特点，在实现太阳能发电的基础上，还加入了根据太阳运行轨迹调整方向的功能，进一步优化了能源转换效率。同时，对植物原型形态和机制的忠实表现，也为环境进一步增添了活力，提升了生态属性。

功能便利性：10分

作品和能动公共艺术结合起来。一方面，部分能动机构与其他同类作品类似，即能够随太阳的方向旋转，以获得最大的发电效率。另一方面则来自含羞草的生物特点，即能够根据外界刺激张开和合拢。作品在日间张开，以获得更好的日光照射，夜间则可收拢。作品不一定能够实现作者想增大空间使用面积的意图，但可以降低作品在低温或强风中损坏的几率。但如果实现这一目标所要付出的财力、技术复杂度等代价过高，也是可以舍弃的。在资源投入和效益获取方面取得平衡，是公共艺术立足公共空间的关键。

图纸表达：9分

在非艺术专业学生创作的作品中，该作品体现出的建模技巧较为娴熟，图面效果等经

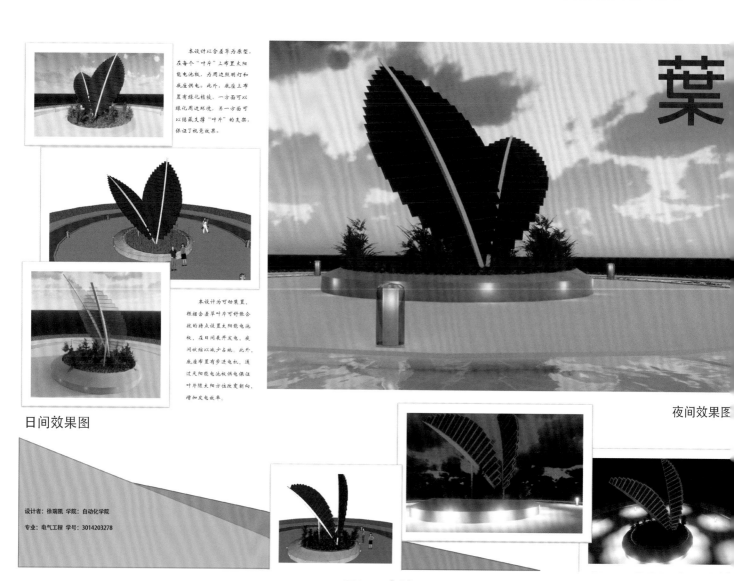

本设计以含羞草为原型，在每个"叶片"上布置太阳能电池板，为周边照明灯和底座供电。此外，底座上布置有绿化植被，一方面可以绿化周边环境，另一方面可以隐藏支撑"叶片"的支架，保证了视觉效果。

本设计为可动叶置，根据含羞草叶片可舒张合拢的特点设置太阳能电池板，在日间展开发电，夜间收缩以减少占地。此外，底座布置有步进电机，通过太阳能电池板供电保证叶片随太阳方位改变朝向，增加发电效率。

葉

夜间效果图

日间效果图

设计者：徐瑞凯 学院：自动化学院

专业：电气工程 学号：3014203278

图 9-25 《叶》

过几次修改后较为理想。这与作者的专业背景和自学能力有关。首先，作者作为电气工程系学生，选修过分布式发电课程，学习过可改变朝向的太阳能电池板等相关知识。其次，作者曾自学 SU 软件、Enscape 渲染工具和 3D Tree Maker 插件制作等。最后，为了制作太阳能电池板，作品还利用了 Skelion 插件，达到比较理想的效果。

案例 4：《荷叶停靠站》（见图 9-26 和图 9-27）

作者：天津大学管理与经济学部工程管理专业 覃柳淼 指导教师：王鹤

介绍：该作品是一个自行车停靠点以及供人们休息娱乐的地方。自行车停靠点上面是荷叶样式的棚子，长条状的棚子上面放置着太阳能电池板，可以给自身提供照明。停靠点下面是长条的木凳，木凳中间有几个位置内凹，用于自行车的停靠。还有几个内凹处用于放置能

荷叶停靠站01

设计与人文——当代公共艺术

经管学部2017级工程管理 专业 覃柳淼 3017209388 指导教师：王鹤

基地分析

该设计作品与自行车停放处和公交车站紧密结合，因此该设计作品的放置场地也较为固定，即城市道路沿线的各公交站点。荷叶本身的自然美与公交车、自行车代表的城市文化的碰撞为城市添加一道亮丽的风景线，焕发城市的人文生机与活力。

灵感来源说明

"池面风来波潋潋，波间露下叶田田。谁于水上张青盖，罩却红妆唱采莲。"在期中作业的基础上，我又有了更多的想法，将荷叶亭与自行车停放处和公交车站相结合，丰富了作品的功能性。

设计理念

该设计作品创新地提出了"多骑一分钟"的概念，将与人们的互动与自行车停放功能结合起来，让人们通过实际行动贯彻"生态环保"的理念。该设计作品可用于停放自行车，改善当前共享单车随意停靠、影响市容市貌的状况。此外，作品还将公交车和公共自行车两种交通工具有机地联系在一起，实现城市交通的交驳，并由此提倡人们低碳出行。

图9-26 《荷叶停靠站》1

荷 叶 停 靠 站02

设计与人文——当代公共艺术

经管学部2017级工程管理 专业

覃柳淼 3017209388 指导教师：王鹤

多角度效果图

详细设计说明

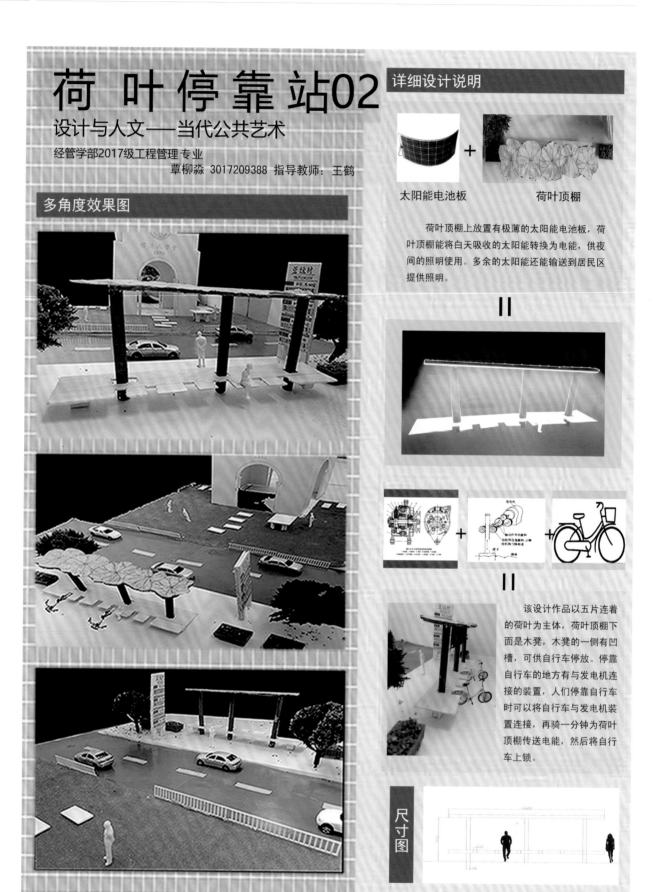

太阳能电池板　　　荷叶顶棚

荷叶顶棚上放置有极薄的太阳能电池板，荷叶顶棚能将白天吸收的太阳能转换为电能，供夜间的照明使用。多余的太阳能还能输送到居民区提供照明。

该设计作品以五片连着的荷叶为主体，荷叶顶棚下面是木凳，木凳的一侧有凹槽，可供自行车停放。停靠自行车的地方有与发电机连接的装置，人们停靠自行车时可以将自行车与发电机装置连接，再骑一分钟为荷叶顶棚传送电能，然后将自行车上锁。

尺寸图

图 9-27 《荷叶停靠站》2

运动发电的不可动自行车，人们可以在上面骑行锻炼身体，运动产生的能量会使车轮转动发光，车轮有感应装置，只有在晚上才会发光，白天将运动产生的电能储存到荷叶棚中。荷叶棚积蓄的电能可以给人们的手机充电。

环境契合度：7分

作品重点选取道路沿线，以公交车站和自行车停放点为基本功能出发点，环境契合度非常理想。

形式美感：8分

该作品在一定程度上，是对小作业的继承与发展。小作业形式更为简单，它借鉴荷叶造型，利用其面积大的特点，提供遮阳功能，布置于花园中，富有诗意和美感。大作业在这一基础上进一步完善，改变"荷叶"布局，由交叉错落改为一字排开，契合环境，属于将植物原型特征与设计方案结合得十分理想的案例。

生态属性：8分

该作品首先在荷叶顶棚上集成了太阳能电池板，将白天吸收的能源用于晚间照明，如作者所言，多余的能源还可以为附近居民提供能源。作为社区共建项目当然是可以的，接入智能电网，将清洁能源统一分配则是更好的选择。更有意义的是，该方案创新性地运用"多骑一分钟"的生态理念，通过发电机与自行车停放位置相连接，人们停好自行车后可以再蹬一分钟为荷叶停靠站输送电能，不但具有实际生态意义，还能够唤起公众环保意识，生态属性十分突出。

功能便利性：10分

该设计以荷叶为原型，结合公交车站的等候、遮阳与自行车停靠功能，在体现生态意义的同时，也具有突出的功能便利性。

图纸表达：9分

作为非艺术专业学生，作者大胆选用手工模型表现方案，对比例、色彩处理得都较为得当；在排版上，经过多次修改后，达到了较为理想的效果。

案例5：《太阳花》(见图9-28)

作者：天津大学化工学院过程装备与控制工程专业　沈涛　指导教师：王鹤

介绍：该作品以向日葵为原型，以功能提供为主要出发点，结合休闲环境布置，形式优美，综合体现了作者对公共艺术实用功能的深刻了解，以及对建模技术的熟练掌握，在没有艺术基础的工程专业同学中很有代表性。

环境契合度：8分

作者的意图是布置于城市居民区、公园、街区等场所，这类场所人流密集。方案可以提供凉亭的休息功能，为居民提供一个户外散步、休闲的场所，环境契合度较高。

太阳花 Sunflower

天津大学 化工学院 过程装备与控制工程专业 沈涛 3016207220 指导教师：王鹤

整体效果图

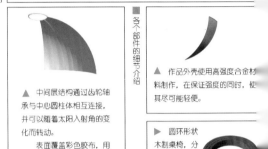

对比图

各个部件的细节介绍

▲ 中间层结构通过齿轮轴承与中心圆柱相互连接，并可以随着太阳入射角的变化而转动。

表面覆盖彩色胶布，用于遮阳，并通过金属框架支撑固定。

▲ 作品外壳使用高强度合金材料制作，在保证强度的同时，使其尽可能轻便。

▶ 圆环形状木制桌椅，分为里外三层，高度为0.5m。

遮阳效果图

场地俯视图

▲ 本方案以自然界的太阳花为原型，通过夸张变形成为一个半球形凉亭。凉亭外壳由8个"花瓣"组成（每个"花瓣"转角22.5°）；亭内中心由圆柱起支撑作用；围绕中心圆柱，有一把圆环形的长椅用于休息。

半球形外壳分为两层，层间有一个圆心角90°的中间层，它可以随着太阳的位置改变方向，用于遮阳。

◀ 作品选址于城市居民区前，既可以美化居住环境，又可以为当地居民住户提供一个户外散步、玩耍时的休息场所。

这件作品也可以安置于城市街区和公园之中，用于遮阳、休息。

太阳花原型

▶ 作品通过在外壳侧面安装一系列LED灯，使其拥有夜间照明功能。

夜间效果图

图 9-28 《太阳花》

生态属性：8 分

该作品并没有像大多数同类作品一样，布置太阳能发电装置，应该是有所遗漏。但方案本身介入了能动装置，外层可感知太阳入射角，并自动旋转，在高温天气可有效降低内部温度，提高人体舒适度，结合优美的植物造型，生态属性比较理想。

形式美感：9 分

该作品追求对称的美感，忠实于植物原型，色彩鲜艳，形式美感强，建模质量高，达到了较为理想的视觉效果。

功能便利性：10 分

该作品侧重于功能提供，除遮阳功能外，内部还精心设置了座椅，满足周边居民的休闲需求，也满足了近距离交流沟通的需求，功能便利性突出。

图纸表达：9 分

作品排版简洁，没有过于多样的底色与附属图案，但对于主题表现得很清晰突出，内容之间的逻辑、尺度、位置和色彩搭配都比较理想。

小　结

植物仿生公共艺术的设计综合训练，体现出要求高、周期长、要素全的特点，致力于打通学科与专业壁垒，从跨学科的角度培养当代学生对设计前沿的探索精神。

成都太古里项目及学生
综合训练案例

后 记

每一名教师都有专属于自己的喜悦。2013 年起开设的"设计与人文——当代公共艺术"课程已经运行了六年，期间经历了一系列转折点：2013—2018 年间，5 部配套教材相继出版；2015 年，超星尔雅平台录制了该课程，并于 2017 年 3 月上线；2016 年，课程获"天津大学青年教师讲课人赛"一等奖；2017 年，课程获"天津大学教学成果"二等奖……2018 年 7 月对我来说则是另一个重大的转折点。在完成了一系列紧张繁忙的课程设计、录制和剪辑工作后，与智慧树平台合作的"全球公共艺术设计前沿"在中国大学 MOOC 和智慧树平台同步上线。上线后的两个学期内，每个学期各有 6000 余名学生在线选课学习。混合式学习带来了很多新的改变、新的喜悦，同时也是新的挑战。

我把这两门课程比作"亲兄弟"。"设计与人文——当代公共艺术"是"大哥"，显得更沉稳，在教学中更注重用经典案例来阐释原理，更注重循序渐进，甚至于手把手来帮助不同专业的学生掌握公共艺术设计的精髓，体味其中乐趣。而"全球公共艺术设计前沿"是"小弟"，显得更新锐一些。国家社科基金后期资助项目成果的"身份"使"他"多了几份傲气，绝大部分案例为 2010 年后的作品，更带有年轻人思维活跃、行事前卫的特点，但"他"还缺乏经验。全新的课程设计能在多大程度上得到学习者的认可，都还需要时间来检验。

《植物仿生公共艺术》是"两兄弟携手合作"的成果。"设计与人文——当代公共艺术"提供了所有的训练方案、解析与点评。这部分内容来自课程于 2017—2018 学年和 2018—2019 学年布置的植物仿生公共艺术设计课题。"全球公共艺术设计前沿"则提供了较新颖的知识内容。两门课程对植物仿生公共艺术设计与教学的最新体会也都凝聚在本书中，使本书具有不同于以往的意义。然而，由于植物仿生公共艺术是新兴艺术形式，可借鉴资料极为有限，因此，只能借助国家社科基金后期资助项目研究成果，在课堂上带领不同专业的学子们反复开展教学实验。过程中的每一步都走得艰辛却又快乐。

在此，特别感谢天津大学教务处对于教师教学创新的大力支持，无论是教材出版的专项资助还是天津大学在线开放课程的推出，都激励着我不断进取、努力。感谢智慧树网天大课栈魏秀东顾问与全体成员的帮助。感谢我的家人一如既往的鼓励与分担。感谢 2017—2018 学年和 2018—2019 学年学习该课程的学子，没有他们的天资与勤奋，无论怎样新颖的教学设计，都无法转化为沉甸甸的成果。感谢机械工业出版社陈紫青编辑，我们在一次环境工程类教材征稿活动中相识，《生态公共艺术》及本书的出版还是我们第一次合作。在选题论证等流程中，可以感受到陈编辑专业、干练、执着及富有激情，也能感受到机械工业出版社领导高远的眼光与极高的决策效率。我的第一届研究生张研为本书的出版做了很多工作，在此一并感谢。

相信本书的出版可以给移动互联网时代的学子们带来一股蕴含泥土和枝叶气味的芳香，更重要的是提醒学子们，科技和自然这两个看似并无关联的概念，其实是可以完美结合起来的。植物仿生公共艺术正给现代城市带来别样的先进，以及独到的美感。

王 鹤

2019 年 6 月于天津大学

参 考 文 献

［1］阿纳森. 西方现代艺术史——绘画 雕塑 建筑［M］. 邹德侬，巴竹师，刘珽，译. 天津：天津人民美术出版社，
2003.

［2］王鹤. 街头游击——公共艺术设计专辑［M］. 天津：天津大学出版社，2011.

［3］薛文凯. "城市家具"：公共设施的创新设计［J］. 创意设计源，2013（6）.

［4］程悦杰，历泉恩，张超军. 色彩构成［M］. 北京：中国青年出版社，2010.

［5］坦西尼. 雕塑的方式——克拉斯·奥登博格和库斯杰·范·布鲁根［J］. 世界艺术，2009（1）.

［6］李廷睿. "朱槿花"建了又拆美不美谁说了算［N］. 法治快报. 2010-07-01（6）.

［7］匡富春，吴智慧. 基于现代工业设计的城市家具设计理念研究［J］. 包装工程，2013，34（20）：39-42.

［8］王所玲. 城市家具中坐具的设计［J］. 包装工程，2013，34（20）：43-46.

［9］吴祖慈. 论设计文化的共性与特性［J］. 上海交通大学学报（社会科学版），2000，3（8）：84-90.

［10］何灿群. 人体工学与艺术设计［M］. 长沙：湖南大学出版社，2007.

［11］冯青. 产品设计中的本土化设计研究与应用［J］. 包装工程，2010，16（8）：56-58.

［12］黄柏青. 设计美学·学科性质、演进状况、存在问题与可行路径［J］. 湖南科技人学学报（社会科学版），2012，
15（5）：160-163.

［13］杨恩寰. 美学引论［M］. 北京：人民出版社，2006.

［14］任成元. 师法自然的产品创意设计研究［J］. 河北大学学报（哲学社会科学版），2012，37（5）：149-151.

［15］彭修银，张子程. 东方美学中的泛生态意识及其特征［J］. 中南民族大学学报（人文社会科学版），2008，28（1）：
148-152.

［16］中国社会科学院邓小平理论和"三个代表"重要思想研究中心. 论生态文明［N］. 光明日报，2004-04-30
（6）.

［17］王强. 略论公共艺术教学的价值观［J］. 雕塑，2006（3）：38.

［18］陈云岗. 公共艺术现状刍议［N］. 中国文化报，2009-11-06（3）.

［19］柯赞尼克. 艺术创造与艺术教育［M］. 马壮寰，译. 成都：四川人民出版社，2000.

［20］张勇，姚春艳. 教育评价改革再认识［N］. 光明日报，2015-04-21（14）.

［21］王洪义. 公共艺术的 N 个研究角度［J］. 公共艺术. 2014（6）.